T0209124

essentials liefern aktuelles Wissen in konzentrierter Form. Die Essenz dessen, worauf es als „State-of-the-Art" in der gegenwärtigen Fachdiskussion oder in der Praxis ankommt. *essentials* informieren schnell, unkompliziert und verständlich

- als Einführung in ein aktuelles Thema aus Ihrem Fachgebiet
- als Einstieg in ein für Sie noch unbekanntes Themenfeld
- als Einblick, um zum Thema mitreden zu können

Die Bücher in elektronischer und gedruckter Form bringen das Fachwissen von Springerautorinnen kompakt zur Darstellung. Sie sind besonders für die Nutzung als eBook auf Tablet-PCs, eBook-Readern und Smartphones geeignet. *essentials* sind Wissensbausteine aus den Wirtschafts-, Sozial- und Geisteswissenschaften, aus Technik und Naturwissenschaften sowie aus Medizin, Psychologie und Gesundheitsberufen. Von renommierten Autorinnen aller Springer-Verlagsmarken.

Dorothea Metzen ·
Sebastian Ocklenburg

Die Psychologie und Neurowissenschaft der Klimakrise

Wie unser Gehirn auf Klimaveränderungen reagiert

Dorothea Metzen
Biopsychologie
Ruhr-Universität Bochum
Bochum, Deutschland

Sebastian Ocklenburg
Department für Psychologie
MSH Medical School Hamburg
Hamburg, Deutschland

ISSN 2197-6708 ISSN 2197-6716 (electronic)
essentials
ISBN 978-3-662-67364-5 ISBN 978-3-662-67365-2 (eBook)
https://doi.org/10.1007/978-3-662-67365-2

Die Deutsche Nationalbibliothek verzeichnet diese Publikation in der Deutschen Nationalbibliografie; detaillierte bibliografische Daten sind im Internet über http://dnb.d-nb.de abrufbar.

Mit Bildern von Jette Borawski

Planung/Lektorat: Christine Lerche
Springer ist ein Imprint der eingetragenen Gesellschaft Springer-Verlag GmbH, DE und ist ein Teil von Springer Nature.
Die Anschrift der Gesellschaft ist: Heidelberger Platz 3, 14197 Berlin, Germany

Was Sie in diesem *essential* finden können

- Eine Einführung in aktuelle psychologische und neurowissenschaftliche Forschung zur Klimakrise
- Eine Erläuterung der Themenfelder der Umweltneurowissenschaften und der Rolle der Umwelt für die Evolution des Gehirns
- Einen Überblick, welche negativen Auswirkungen die Folgen der Klimakrise auf das psychische Wohlbefinden der Menschen hat
- Eine Diskussion des Handlungsbedarfes, der sich aus der Forschung zur Psychologie und Neurowissenschaft der Klimakrise ergibt
- Einen Ausblick in die Zukunft der Klimaneurowissenschaften

Vorwort

„Die psychischen Folgen dieser Geschichte werden wir noch zu spüren bekommen." Das sagt mir eine Kollegin und Psychotherapeutin, als wir im Januar 2023 in Lützerath stehen, umringt von tausenden Aktivist*innen, Matsch und Polizei. Ich weiß, dass sie über die psychischen Folgen von Polizeigewalt spricht, aber das ist nicht alles, woran ich denke. Nicht nur die psychischen Folgen der Räumung, sondern auch die Auswirkungen der Klimakrise an sich werden von Politik und Gesundheitssystem wahnsinnig unterschätzt. Viele junge Menschen blicken mit Hoffnungslosigkeit und Frustration in die Zukunft. Wie könnte man es uns auch verübeln, die Aussichten sind nicht gerade rosig. Schon heute verlieren viele Menschen ihre Heimat durch die Klimakrise – und meistens sind es die Menschen, die am wenigsten zur Klimakrise beigetragen haben. Der verschwenderische Lebensstil des globalen Nordens ist zu einer Gesundheitsbedrohung für uns alle mutiert und niemand scheint etwas dagegen unternehmen zu wollen. Dabei sind wir als Neurowissenschaftler*innen und Psycholog*innen doch prädestiniert dafür alles zu geben, um die psychische und körperliche Gesundheit unserer Mitmenschen zu schützen. Ich blicke mich um und sehe die Banner all dieser Menschen: Scientists for Future, Psychologists for Future, Health for Future. Auch wenn wir bereits knietief im Matsch stehen, vielleicht schaffen wir es, uns dort gegenseitig wieder herauszuziehen.

Bochum
März 2023

Dorothea Metzen

Inhaltsverzeichnis

Über die Autoren

Dorothea Metzen, M.Sc., Psychologie Ruhr-Universität Bochum, Biopsychologie, Universitätsstraße 150, 44780 Bochum
E-Mail: dorothea.metzen@rub.de

Prof. Dr. Sebastian Ocklenburg MSH Medical School Hamburg, Department für Psychologie, Am Kaiserkai 1, 20457 Hamburg
E-Mail: sebastian.ocklenburg@medicalschool-hamburg.de

1 Einleitung

Das erste Viertel des 21. Jahrhunderts ist reich an Krisen, die das psychische Wohlergehen der Menschen bedrohen. So führte zum Beispiel die Corona-Pandemie und damit einhergehende Folgen, wie Einsamkeit sowie Angst vor Ansteckung und um die wirtschaftliche Existenz, zu einem massiven Anstieg psychischer Erkrankungen (Kamble et al. 2022). Auch der russische Angriffskrieg in der Ukraine führte bei der betroffenen Bevölkerung zu einem starken Anstieg psychischer Belastung (Xu et al. 2023).

Eine Krise, die man vielleicht nicht direkt mit psychischen Problemen assoziieren würde, ist die menschengemachte Klimakrise (siehe Kap. 2). Es ist nicht auf den ersten Blick ersichtlich, wie sich das Klima auf unsere Psyche auswirkt. Manche Menschen machen sogar Witze darüber, dass eine weltweit höhere Temperatur positiv zum psychischen Wohlbefinden beitragen würde, weil das Wetter ja besser sei. Dieser Blickwinkel könnte jedoch aus Sicht der empirischen Forschung falscher nicht sein. In einem aktuellen Report der angesehenen medizinischen Fachzeitschrift „The Lancet" weisen die Autor*innen eindrücklich darauf hin, dass die Klimakrise eben nicht nur eine Krise des Klimas ist, sondern wahrscheinlich die größte Bedrohung für das körperliche und psychische Wohlergehen der Menschheit im 21. Jahrhundert (Romanello et al. 2022). Welche konkreten Bedrohungen für die psychische Gesundheit durch die Klimakrise entstehen, wird in den Kap. 5, 6 und 7 erläutert. Da unser Handeln, Erleben und Fühlen durch das Gehirn gesteuert werden, ist es wichtig, im Kontext der psychischen Folgen der Klimakrise auch ihre Auswirkungen auf die Funktion des Gehirns von Tieren und Menschen zu erläutern (Kap. 3 und 4). Darüber hinaus muss erläutert werden, welcher konkrete Handlungsbedarf sich aus diesen Ergebnissen in der gesundheitlichen Versorgung (Kap. 8) und der Forschung (Kap. 9) ergibt.

D. Metzen und S. Ocklenburg, *Die Psychologie und Neurowissenschaft der Klimakrise*, essentials, https://doi.org/10.1007/978-3-662-67365-2_1

2 Die Klimakrise: Wo wir stehen, was wir wissen

Die durchschnittlichen globalen Temperaturen steigen seit den 1950er Jahren in einem beispiellosen Tempo (siehe Abb. 2.1). Laut dem neusten Bericht des Weltklimarates (The Intergovernmental Panel on Climate Change, IPCC) haben wir bereits eine durchschnittliche globale Erderwärmung von 1,1 °C relativ zum vorindustriellen Zeitalter erreicht (IPCC 2021). Mit dem Pariser Klimaabkommen haben 194 Staaten – darunter Deutschland – vereinbart, die globale Erderwärmung auf möglichst 1,5 °C, auf jeden Fall aber deutlich unter 2 °C zu begrenzen.

Berechnungen des Weltklimarates zufolge steuern wir mit unserem derzeitigen CO_2 Ausstoß allerdings auf eine Erderwärmung zwischen 2,1–3,5 °C zu. Um überhaupt noch eine Chance auf 1,5 °C zu haben, müssten ohne weitere Verzögerungen massive Maßnahmenpakete und ein schnellstmöglicher Ausstieg aus der fossilen Energie beschlossen werden (IPCC 2022a). In der Realität zeichnet sich leider ein völlig anderes Szenario ab: LGN Terminals für klimaschädliches Erdgas werden auf Jahrzehnte angelegt neu errichtet, riesige Kohlevorkommen wie das unter Lützerath drohen abgebaggert zu werden, obwohl unabhängige Studien belegen, dass die Kohle darunter nicht benötigt wird (Heprich et al. 2022).

Aber was bedeutet es, wenn man sagt, dass sich die Erde um 3 °C erhitzt? Das klingt im ersten Moment nach nicht besonders viel. Wenn wir an unseren Alltag denken, könnte man schnell zu dem Schluss kommen, dass es nun wirklich keinen Unterschied macht, ob es im Sommer 28 °C oder 31 °C warm ist. Die Folgen sind allerdings deutlich komplexer und verheerender. Zum einen steigen die Temperaturen in verschiedenen Regionen unterschiedlich stark. So steigen die Temperaturen auf dem Land deutlich stärker als auf dem Meer (IPCC 2021). Selbst jetzt verzeichnen wir in Deutschland schon einen Temperaturanstieg von 2,3 °C, obwohl die globale Durchschnittstemperatur „nur“ um 1,1 °C gestiegen ist. Eine durchschnittliche Erderwärmung von 3 °C würde also eine

D. Metzen und S. Ocklenburg, *Die Psychologie und Neurowissenschaft der Klimakrise*, essentials, https://doi.org/10.1007/978-3-662-67365-2_2

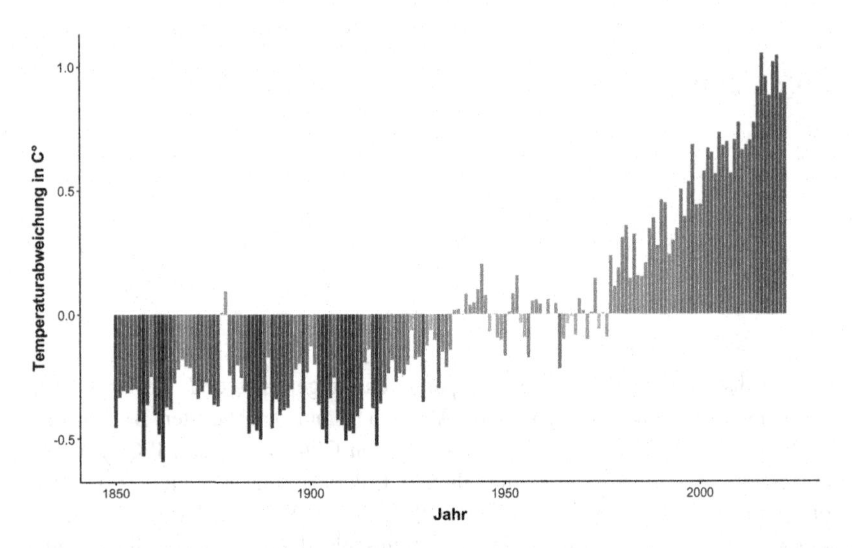

Abb. 2.1 Veränderungen in der globalen Durchschnittstemperatur relativ zum Durchschnitt aus den Jahren 1951–1980. Erstellt basierend auf Daten von Berkley Earth (Rohde und Hausfather 2020)

Temperatursteigerung von etwa 6 °C in Deutschland bedeuten. Wenn wir also zu unserem Beispiel zurückkommen: Eine Steigerung von 28 °C auf 34 °C ist deutlich spürbar und wirkt sich auf viele Lebensbereiche negativ aus. Der langersehnte Ausflug zum Badesee wird vielleicht gar nicht mehr entspannend sein, weil die Hitze ohne Schatten nicht auszuhalten ist. Der Weg zum Supermarkt wird für vulnerable Personen auf einmal zum Gesundheitsrisiko. Arbeiten in ungekühlten Großraumbüros oder Unterricht in stickigen Klassenräumen ist ebenfalls mit Gesundheitsrisiken wie Ohnmacht verbunden. Durch die steigenden Temperaturen verändert sich außerdem die Regenverteilung. Insgesamt wird es in Zukunft nasser werden, da die steigenden Temperaturen zu mehr Evaporation führen, welche als Regen wieder herunterkommt (IPCC 2021). Allerdings wird es vor allem im Winter nasser werden, während monatelange Dürreperioden im Sommer immer häufiger werden. Regen wird in Zukunft immer häufiger in kurzen, konzentrierten Zeiträumen als Starkregen erfolgen.

Die Folgen von „lediglich“ 2,6 °C zeigen sich schon jetzt in voller Härte: In den aufeinanderfolgenden Hitzesommern 2018, 2019 und 2020 gab es in Deutschland über 19.000 Hitzetote (Winklmayr et al. 2022). Im Vergleich dazu gab es in den Jahren 2015, 2016 und 2017 9200 Hitzetote, wobei der Hitzesommer 2015 mit 6000 Hitzetoten ebenfalls überdurchschnittlich viele Opfer forderte. Viele deutsche Flüsse wie der Rhein waren auf einem Rekordtief, sodass der Schiffsverkehr eingestellt werden musste. In der gleichen Dürre kam es in Italien, Spanien, Frankreich, aber auch in der sächsischen Schweiz zu verheerenden Waldbränden. Im Sommer 2021 kostete die Flutkatastrophe in NRW und Rheinland-Pfalz über 180 Menschen das Leben, die Folgeschäden belaufen sich auf 30 Mrd. € (Bundesministerium der Finanzen 2021; Tagesschau 2022). Was vor einigen Jahrzehnten noch als eine „Jahrtausendflut" gelten würde, wird nun immer wahrscheinlicher auftreten.

Und das sind nur die Folgen hier im „sicheren" Mitteleuropa. In anderen Teilen der Welt ist die Lage bereits jetzt hochdramatisch: So stand im Sommer 2022 ein Drittel von Pakistan nach Starkregenfällen unter Wasser, über 1500 Menschen verloren ihr Leben und über 33 Mio. Menschen ihre Heimat (Licht 2022). Die Menschen im globalen Süden leiden deutlich stärker unter der Klimakrise als Menschen im globalen Norden und das, obwohl der globale Norden mit seinem ressourcenintensiven Lebensstil maßgeblich zur Entstehung der Klimakrise beigetragen hat (IPCC 2022a). Sollte es zu einer Erderwärmung von 3 °C kommen, werden viele Teile des afrikanischen Kontinents nicht mehr bewohnbar sein und viele Millionen Menschen werden ihre Heimat verlieren. Wir stehen also nicht nur vor der Entscheidung, ob wir den folgenden Generationen in Deutschland eine sichere Zukunft hinterlassen wollen. Wir stehen auch vor einer großen Gerechtigkeitsfrage, nämlich, ob wir unser Leben so weiterführen wollen wie bisher, auch wenn dies immenses Leid für Menschen im globalen Süden bedeutet. Auch jetzt schon.

Wir sehen also, eine Erwärmung von 1,1 °C fordert bereits große Opfer. Selbst wenn wir sofort alle Maßnahmen ergreifen würden, um Treibhausgase zu minimieren, werden sich die Folgen der Klimakrise nicht mehr komplett stoppen lassen. Es würde vermutlich nicht einmal dazu führen, dass wir bei einer Erwärmung von 1,1 °C bleiben. Einer der Gründe dafür sind sogenannte „Kippelemente" (Armstrong McKay et al. 2022). Kippelemente sind Bestandteile des globalen Klimasystems, die durch das Erreichen eines gewissen Kipppunkts in einen neuen, folgenschweren Zustand gebracht werden (siehe Abb. 2.2). Dieser ist unumkehrbar. Es gibt vier Kipppunkte, die schon bei einer Erderwärmung von 1,5 °C erreicht werden können: Der Kollaps des Grönländischen Eisschildes, der Kollaps des Westantarktischen Eisschildes, das Aussterben von Korallenriffen und das Auftauen des borealen Permafrostes. Die wissenschaftliche Beweislast ist erdrückend und beängstigend. Aber jedes Zehntelgrad Temperaturanstieg, welches verhindert wird, rettet Leben und Existenzen.

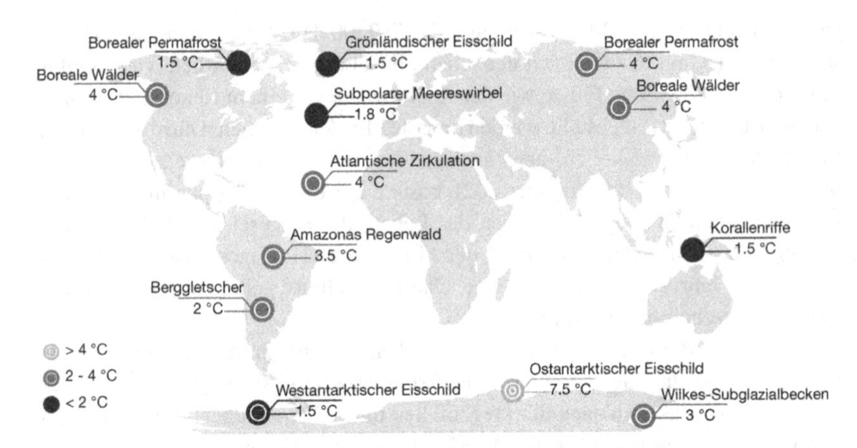

Abb. 2.2 Kipppunkte basierend auf Armstrong McKay et al. (2022). Die Farbe/Textur der Elemente zeigt das Risiko an, dass sie durch die menschengemachte Klimakrise kippen. Rot/unifarben: Sehr hohes Risiko, Kipppunkt bei unter 2 °C; Orange/ein Ring: Hohes Risiko, Kipppunkt zwischen 2–4 °C; Geld/zwei Ringe: Mittleres Risiko, Kipppunkt über 4 °C

Wie sehen konkrete Maßnahmen aus, um die Klimakrise in den Griff zu bekommen? Eine detaillierte Beschreibung der Maßnahmen würde den Rahmen dieses *essentials* sprengen. Kurzgesagt müssen wir unsere Emissionen so schnell wie möglich und so stark wie möglich senken (IPCC 2022b). Der Ausstieg aus fossilen Energien ist dabei einer der wichtigsten Schritte.

3 Umweltneurowissenschaften – relevanter denn je

Das menschliche Gehirn besteht im Durchschnitt aus 86 Mrd. Nervenzellen (Herculano-Houzel 2012). Dazu kommt noch einmal etwa dieselbe Anzahl von Zellen anderer Zelltypen. Diese enorme Menge von Zellen ist in einer Vielzahl hochkomplexer Netzwerke organisiert, die sich im Laufe des Lebens oftmals ändern. Zusammen steuern diese Netzwerke unser gesamtes Verhalten, Denken und Fühlen – wir sind unser Gehirn. Im Vergleich dazu ist die Anzahl der Gene, die für unseren gesamten Körper inklusive des Gehirns kodieren, mit momentan geschätzten 63.494 um ein Vielfaches geringer als die Anzahl der Nervenzellen im Gehirn (Nurk et al. 2022). Unsere genetische Ausstattung ist dabei zwar essenziell für die Entstehung des Gehirns, seine Struktur und Funktion kann sich aber lebenslang durch Trainingsprozesse und Umwelteinflüsse in gewissem Umfang ändern. Diesen Prozess nennt man neuronale Plastizität.

Diese neuronale Plastizität konnte in Studien für verschiedene Teile des Gehirns nachgewiesen werden (Abb. 3.1 zeigt einige Beispiele). So wurde in einer bekannten Studie gezeigt, dass Londoner Taxifahrer*innen einen größeren vorderen Teil des Hippocampus haben als Menschen, die keine Taxifahrer*innen sind (Maguire et al. 2000). Der Hippocampus ist ein Teil des Gehirns, der für räumliche Erinnerungen wichtig ist. Interessanterweise korrelierte in der Studie die Größe des Hippocampus mit der Erfahrung im Taxifahren. Dies zeigt, dass das ständige Training der räumlichen Navigationsfähigkeiten durch das Taxifahren im komplexen Straßennetz Londons die Struktur des Gehirns langfristig verändern kann. Auch das Erlernen und Trainieren eines Musikinstruments (Schlaug 2015), das Erlernen einer neuen Kommunikationsform wie etwa Morse-Code (Herculano-Houzel 2012; Schlaffke et al. 2017) oder körperliche Aktivität (Cassilhas et al. 2016) können die Struktur und Funktion unseres Gehirns beeinflussen.

D. Metzen und S. Ocklenburg, *Die Psychologie und Neurowissenschaft der Klimakrise*, essentials, https://doi.org/10.1007/978-3-662-67365-2_3

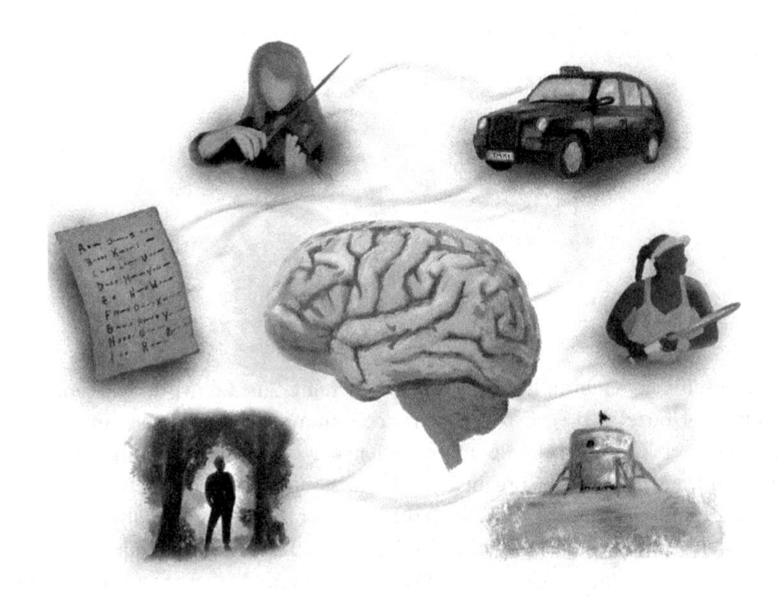

Abb. 3.1 Umweltfaktoren, die Funktion und Struktur des menschlichen Gehirns verändern können

Bewusste Trainingsprozesse wie beim Erlernen eines Musikinstruments sind allerdings nur ein Aspekt nicht-genetischer Einflüsse auf unser Gehirn. Ein Forschungsfeld, das in Bezug auf die Klimakrise hochrelevant ist, ist die sogenannte Umweltneurowissenschaft (Berman et al. 2019). In diesem Forschungszweig geht es nicht um Trainingsprozesse, sondern um den direkten Einfluss der physikalischen Umwelt auf das Gehirn. Die Idee, dass sich unsere direkte Umgebung auf die Funktionen des Gehirns, also Denken, Fühlen und Handeln, auswirkt, ist sehr intuitiv. Die meisten Menschen würden wahrscheinlich zustimmen, dass sich eine Person emotional besser und entspannter fühlt, wenn diese Person sich an einem lauen Sommernachmittag am Strand einer der Nordsee-Inseln auf ihrem Badetuch räkelt, als wenn sie sich im Winter durch einen Schneesturm im Norden Kanadas kämpfen muss. Aber auch weniger dramatische Situationen haben Auswirkungen auf die Funktion des Gehirns. So kann zum Beispiel das Leben in einer Großstadt wie Hamburg oder Berlin ausgesprochen stressig und hektisch sein. Psychologische Studien haben gezeigt, dass Menschen, die in Städten leben, im Vergleich zu Menschen, die in ländlicheren Gebieten leben, ein erhöhtes Risiko für verschiedene psychische Erkrankungen haben, wobei soziales Ungleichgewicht in den

Städten, Umweltverschmutzung und fehlender Kontakt mit natürlichen Umwelten wichtige Einflussfaktoren sind (Ventriglio et al. 2021). Im Gegensatz dazu empfinden viele Menschen lange Wanderungen und Aufenthalte in der Natur als stressabbauend und entschleunigend.

In einer aktuellen Studie der Lise-Meitner-Gruppe Umweltneurowissenschaften des Max-Planck-Instituts für Bildungsforschung in Berlin (Sudimac et al. 2022) wurde daher untersucht, wie sich ein Aufenthalt in der Natur konkret auf Aktivierung in stressrelevanten Bereichen des Gehirns auswirkt. In der Studie verwendeten die Forscher*innen die sogenannte funktionelle Magnetresonanztomographie (fMRT), eine neurowissenschaftliche Technik, mit der es möglich ist, die Aktivität des Gehirns mithilfe eines MRT-Scanners sichtbar zu machen. Die Forschenden erfassten die Gehirnaktivierung bei 63 gesunden Versuchspersonen, die in zwei Gruppen aufgeteilt waren. Die Versuchspersonen in der ersten Gruppe machten einen einstündigen Spaziergang in einer städtischen Umgebung – einer belebten Straße in Berlin. Im Gegensatz dazu machten die Versuchspersonen in der zweiten Gruppe einen einstündigen Spaziergang in einem Wald. In beiden Gruppen wurde die Gehirnaktivierung vor und nach dem Spaziergang während zweier verschiedener Aufgaben mittels fMRT erfasst. Bei der ersten Aufgabe, welche die Versuchspersonen im MRT-Scanner durchführen mussten, wurden Bilder ängstlicher Gesichter gezeigt. Diese Aufgabe war ausgewählt worden, um besonders angstbezogene Netzwerke im Gehirn zu aktivieren. Die zweite Aufgabe, die die Versuchspersonen im MRT-Scanner durchführen mussten, war ein sozialer Stresstest, der sogenannte MIST (Montreal Imaging Stress Task) (Dedovic et al. 2005). Bei diesem Stresstest mussten die Versuchspersonen schwierige Mathe-Aufgaben lösen, während sie im MRT-Scanner lagen. Dabei wurden ihnen immer wieder die angeblichen Durchschnittswerte anderer Versuchspersonen gezeigt. Diese Durchschnittswerte spiegelten jedoch nicht die echten Leistungen anderer Versuchspersonen wider. Stattdessen wurden sie so angegeben, dass sie immer deutlich besser waren als die Leistungen der aktuell getesteten Versuchsperson. Die Idee dahinter ist, dass sich die Versuchspersonen sowohl durch die hohe Schwierigkeit der Mathe-Aufgaben als auch durch die Wahrnehmung, dass ihre eigenen Leistungen sehr schlecht sind, gestresst fühlen. Der MIST ist darauf ausgelegt, besonders stressbezogene Gehirnnetzwerke zu aktivieren. Sowohl bei der Aufgabe mit den ängstlichen Gesichtern als auch beim MIST fanden die Wissenschaftler*innen sehr ähnliche Ergebnisse. Für die Gruppe von Versuchspersonen, die eine Stunde lang auf einer Straße in Berlin spazieren gegangen waren, gab es zwischen den beiden Scans keine Veränderungen in der Aktivierung von angst- oder stressbezogenen Netzwerken im Gehirn. Im Gegensatz dazu kam es bei der Gruppe von Versuchspersonen, die eine Stunde in der Natur spazieren gegangen waren, nach dem Spaziergang zu einer Abnahme der Aktivität in einem bestimmten Gehirnareal. Bei beiden fMRT-Aufgaben zeigte die Amygdala (besonders in der rechten Hälfte des Gehirns) eine Abnahme ihrer Aktivität. Dieser Befund ist insofern hochinteressant, als dass die Amygdala eine Schlüsselstruktur bei der Verarbeitung von Angst, Stress und negativen Emotionen ist. Die Erkenntnis, dass die Aktivität der Amygdala nach einem Spaziergang im Wald abnimmt, führte die Wissenschaftler*innen daher zu dem Schluss, dass ein Spaziergang in der Natur helfen kann, uns von den negativen Auswirkungen von Stress zu erholen. Da Stress ein wesentlicher Einflussfaktor für viele psychische Erkrankungen ist, impliziert dieser Befund, dass Wandern im Wald eine positive Wirkung auf unsere mentale Gesundheit hat. Er impliziert aber auch, dass die fortschreitende Zerstörung natürlicher Umwelten im Zuge der Klimakrise einen negativen Einfluss auf die psychische Gesundheit der Menschen hat, weil es immer schwieriger wird, sich in natürliche Umwelten zurückzuziehen und zu erholen.

Wenn schon ein einstündiger Spaziergang in der Stadt einen negativen Effekt auf die Hirnfunktion im Vergleich zu einem Spaziergang im Wald hat, was passiert dann im Gehirn, wenn Menschen sich längerfristig in einer lebensfeindlichen Umwelt aufhalten? Dieser Frage ging eine umweltneurowissenschaftliche Studie zu Veränderungen des Gehirns bei Teilnehmer*innen einer längeren Antarktis-Expedition nach (Stahn et al. 2019). In der Studie wurden die Gehirne von neun Teilnehmer*innen einer 14-monatigen Polar-Expedition untersucht, die auf der deutschen „Neumayer III" Station lebten. Dabei zeigte sich, dass der Gyrus Dentatus, ein Teil des Hippocampus, eine signifikant stärkere Verkleinerung über die 14 Monate bei Expeditionsteilnehmer*innen zeigte als bei Kontrollprobanden. Das Ausmaß der Verkleinerung dieses Hirnareals korrelierte mit einer Verschlechterung der Leistungen in kognitiven Tests zur räumlichen Verarbeitung und zur Aufmerksamkeit. Die Autor*innen der Studie schlussfolgerten, dass der lange Aufenthalt in der Antarktis mit geringem sozialem Austausch und einer eintönigen Umgebung mit geringer Stimulation des Gehirns zu diesem Abbau in der Hirnstruktur beigetragen hatte.

Zusammengefasst macht die Forschung zu Umweltneurowissenschaften klar: Die Umgebung, in der wir leben, beeinflusst die mentale Gesundheit und die Funktion und Struktur des menschlichen Gehirns in erheblichem Maße. So wie auch für alle anderen Säugetiere gibt es für den Menschen und sein Gehirn optimale Umwelten. Dabei deutet die empirische Befundlage darauf hin, dass besonders natürliche Umwelten, wie etwa ein Wald, nicht aber urbane Umwelten oder reizarme Umgebungen wie die Antarktis, positive Auswirkungen auf das

Gehirn haben. Die voranschreitende Zerstörung natürlicher Umwelten im Zuge der Klimakrise, etwa durch großflächige Waldbrände, Dürreperioden oder Überflutungen, ist also auch ein Risiko für die Gehirnentwicklung und die mentale Gesundheit. Dieses Thema wird in den Kap. 5 bis 7 im Detail besprochen.

4 Ökologische Nischen und die Evolution des Gehirns

Im letzten Kapitel wurde erläutert, dass bereits ein 60-minütiger Aufenthalt in der Natur die Funktion des Gehirns positiv beeinflussen kann und dass ein längerer Aufenthalt in einer extremen Umgebung wie der Antarktis deutliche Auswirkung auf die Struktur des Gehirns haben kann. Die Struktur und Funktion des Gehirns einer Tierart werden jedoch nicht nur durch solche verhältnismäßig kurzen Umwelteinflüsse auf einen individuellen Organismus beeinflusst. Darüber hinaus kann das Verhältnis von Umwelt und Hirnstruktur auch aus einer deutlich langfristigeren evolutionären Perspektive betrachtet werden.

Wenn man sich die Gehirne verschiedener Tierarten anschaut, zeigt sich eine beeindruckende Vielfalt verschiedener Formen (Striedter et al. 2014). Je nach Tierart sind einzelne Teile des Gehirns, wie etwa der olfaktorische Bulbus (eine zentrale Schaltstelle bei der Verarbeitung von Gerüchen), stark ausgeprägt oder nur sehr klein, die Gyrifikation schwankt von stark ausgeprägt (etwa beim Menschen) zu nicht vorhanden. Auch die Form des Gehirns schwankt zwischen eher länglich und eher rund. Aus einer evolutionären Perspektive ist die zentrale Funktion des Gehirns die Kontrolle von Verhalten (Barker 2021), da sich Verhalten direkt auf die Überlebenswahrscheinlichkeit und die Fortpflanzungswahrscheinlichkeit eines Organismus auswirkt. Warum sehen Gehirne dann so unterschiedlich aus, wenn sie alle dieselbe Funktion haben? Dies ist unter anderem der Fall, weil das Gehirn optimal an seine spezifische ökologische Nische angepasst ist.

Es gibt verschiedene Ideen dazu, was eine ökologische Nische ist. Generell bezeichnet der Begriff alle Umweltfaktoren, die für das Überleben einer Art relevant sind, sowie ihre Rolle in ihrem Ökosystem. Dazu zählen etwa der Standort, an dem die Art lebt, Temperatur, Feuchtigkeit, die Existenz von Fressfeinden, das Vorhandensein von essbaren Pflanzen oder Beutetieren, das Fortpflanzungsverhalten der Art und viele weitere Faktoren.

D. Metzen und S. Ocklenburg, *Die Psychologie und Neurowissenschaft der Klimakrise*, essentials, https://doi.org/10.1007/978-3-662-67365-2_4

Wie unterschiedliche ökologische Nischen zu Unterschieden in der Hirnstruktur führen, lässt sich durch einen Vergleich der Gehirne von Walen und landlebenden Säugetieren zeigen. In einer Studie von Paul Manger von der Universität Witwatersrand in Südafrika und Kolleg*innen wurden Gehirne von drei verschiedenen Walarten (Buckelwal, Minkwal und Schweinswal) mit denen von elf landlebenden Säugetierarten (unter anderem Schweinen, Büffeln und Nilpferden) verglichen (Manger et al. 2021). Dabei zeigten sich eine ganze Reihe von Unterschieden zwischen den Gehirnen der Wale und denen der landlebenden Säugetiere. Am hervorstechendsten war, dass die Gehirne der Wale höhere Level bestimmter Proteine und Zelltypen zeigten, die mit der Erzeugung von Hitze im Gewebe verbunden sind. Diese Mechanismen sind in der teils sehr kalten Unterwasserumgebung überlebenswichtig. Die Forscher*innen führten aus, dass Säugetiergehirne eine optimale Funktionstemperatur von etwa 36 bis 37 °C haben. Bei 33 °C ist die Gehirnfunktion bereits schwer eingeschränkt, bei 25 bis 26 °C im Gehirn wird ein Säugetier bewusstlos. Da Wale teils lange Zeit in sehr kaltem Wasser sind, ist es für sie von größter Wichtigkeit, die Temperatur ihres Gehirns auch bei sinkenden Außentemperaturen konstant halten zu können, um nicht das Bewusstsein zu verlieren. Die Forscher*innen führten weiterhin aus, dass etwa 30 bis 70 % der Gliazellen, also derjenigen Zellen, die die Funktionen der Nervenzellen im Gehirn unterstützen, eine solche temperaturregelnde Funktion haben. Dies verdeutlicht eindrücklich die große Bedeutung der Anpassung an die ökologische Nische für die Struktur des Gehirns einer Art.

Interessanterweise zeigten Untersuchungen zur Evolution des menschlichen Gehirns, dass auch hier die Temperatur eine entscheidende Rolle gespielt hat. In einer Untersuchung von 109 Schädeln menschlicher Vorfahren konnte gezeigt werden, dass ein Anstieg der Gehirngröße mit Temperaturschwankungen in der Umgebung zusammenhing (Ash und Gallup 2007). Umgebungen mit höheren Schwankungen der Temperatur verändern sich über das Jahr stärker als solche ohne große Temperaturschwankungen. Organismen, die in einer solchen veränderlichen Umwelt leben, brauchen vermutlich höhere kognitive Kapazitäten, um ihr Verhalten an wechselnde Umweltbedingungen anzupassen. Dies könnte erklären, warum Menschen, die in allen Temperaturzonen der Erde leben, so große Gehirne im Vergleich zu anderen Tieren haben. Auch andere Studien identifizierten die Temperatur als einen der wichtigsten Einflussfaktoren auf die Evolution des menschlichen Gehirns (Naya et al. 2016; Will et al. 2021).

Was bedeuten diese Befunde im Zusammenhang mit der Klimakrise? Durch die Klimakrise werden einzigartige Lebensräume teilweise unwiederbringlich zerstört. Andere verändern sich in bestimmten Aspekten, etwa der Temperatur, substanziell. Spezies, deren Gehirn stark an eine spezifische ökologische

Nische angepasst ist, leiden unter diesen Veränderungen am stärksten. Wenn etwa, wie bei Walen, große Teile des Gehirns relevant für die Temperaturregulation durch Erwärmung sind, kann eine Erwärmung der Wassertemperatur schnell verheerende negative Folgen haben. Wie erwähnt ist die optimale Temperatur des Säugetiergehirns etwa 36 bis 37 °C. Da die Temperaturregulationsmechanismen im Walgehirn auf eine Erwärmung des Gehirns optimiert sind, nicht aber eine Abkühlung, könnte sich eine allgemeine Erwärmung der Wassertemperatur fatal auf die Gehirnfunktion verschiedener Walspezies auswirken. Im Vergleich dazu sind Tierarten mit höherer Flexibilität im Verhalten, die so verschiedene ökologische Nischen besetzen und sich schneller an wechselnde Umweltbedingungen anpassen können (etwa Ratten ober Raben), weniger stark von den Folgen der Klimakrise auf die Gehirnfunktion betroffen. Langfristig ist also zu erwarten, dass es zu starken Veränderungen in vielen Ökosystemen kommen wird (siehe Kap. 7).

5 Wie sich Erderwärmung auf psychische Gesundheit auswirkt

Die menschliche Zivilisation hat sich über Jahrtausende in einem Klima entwickelt, welches über die Zeit hinweg relativ stabil geblieben ist. Unsere Infrastruktur, unsere Ernährung und auch unsere mentale Gesundheit sind nicht für einen drastischen Temperaturanstieg gewappnet. Extreme Hitzewellen sind mit physischen Gesundheitsrisiken verbunden: Erschöpfung, Hitzschläge und Herzprobleme nehmen zu, vor allem bei der älteren Bevölkerung (Romanello et al. 2022). Allerdings können diese Probleme auch bei jungen Personen auftreten und auch dort tödlich enden. Besonders gefährdet sind außerdem Personen in Städten, da es dort zum sogenannten „urban heat island" (UHI) Effekt kommt (Heaviside et al. 2017). Dieser Effekt beschreibt das Phänomen, dass es in dichtbesiedelten Städten spürbar wärmer ist als in umliegenden leichtbesiedelten Regionen. Das liegt daran, dass die dortigen künstlichen Oberflächen (z. B. Straßen) tagsüber mehr Hitze absorbieren als natürliche Oberflächen (z. B. Gras). Diese Hitze wird dann vor allem nachts abgegeben, wodurch sich die Städte nicht abkühlen können. Nachts ist deswegen der Unterschied zwischen Städten und umliegenden Gebieten am größten und kann in extremen Fällen 5 bis 10 °C betragen (z. B. in New York oder London). Der durchschnittliche UHI Effekt liegt zwischen 2 und 4 °C. Auch wegfallende Verdunstungseffekte tragen zur Bildung von UHI bei. Unsere Städte, welche einen Großteil der Weltbevölkerung beherbergen, sind also nicht auf die steigenden Temperaturen ausgelegt und verschlimmern diese sogar.

Allerdings gehen die direkten Auswirkungen von Hitze noch tiefer, denn Hitze hat auch einen großen Einfluss auf unsere psychische Gesundheit. Eine australische Studie konnte zeigen, dass die Hospitalisierungsrate von Personen, die bereits an einer psychischen Erkrankung leiden, bei Hitzewellen (>27,6 °C) um über 7 % anstieg (Hansen et al. 2008). Davon betroffen waren Personen mit Demenz, affektiven Störungen (z. B. Depression), Angst- und Panikstörungen,

D. Metzen und S. Ocklenburg, *Die Psychologie und Neurowissenschaft der Klimakrise*, essentials, https://doi.org/10.1007/978-3-662-67365-2_5

Essstörungen, Schlafstörungen, Schizophrenie und Entwicklungsstörungen (z. B. Autismus). Auch die Sterbewahrscheinlichkeit in diesen Gruppen ist bei Hitzewellen höher. Eine mögliche Erklärung für diesen Effekt sind Wechselwirkungen mit Medikamenten. Antipsychotika, Antidepressiva, Sedativa und Stimmungsstabilisierer können die Thermoregulation stören, indem sie zu einer reduzierten Schweißproduktion oder einer erhöhten Wärmeproduktion führen. Dadurch werden die bereits existierenden Auswirkungen von Hitzewellen in besonders vulnerablen Gruppen zusätzlich verstärkt. Im Falle von kognitiv beeinträchtigten Personen könnten Copingstrategien, wie eine vermehrte Flüssigkeitseinnahme, beeinträchtigt sein (Hansen et al. 2008).

Es gibt die Theorie, dass Hitze mit einer erhöhten Suizidrate in der Bevölkerung assoziiert ist. Suizid ist die 17. häufigste Todesursache weltweit (WHO 2019). In Teilen von Europa, Asien, Südamerika und Nordamerika ist Suizid sogar die 10. häufigste Todesursache (Naghavi 2019). Somit könnte auch eine kleine Steigerung der Suizidrate in einem Land große Auswirkungen auf die gesamte Gesundheitsbilanz haben. Burke et al. (2018) zeigten einen Anstieg der Suizidrate von 0,7 % in den USA bzw. 2,1 % in Mexiko pro 1 °C Erwärmung. Eine darauffolgende Studie untersuchte diesen Zusammenhang anhand von Daten aus den Jahren 1976–2018 aus 60 verschiedenen Ländern (Florido Ngu et al. 2021). Dieses Mal konnten die Forscher*innen keinen klaren Zusammenhang zwischen Temperatur und Suizidalität feststellen. In manchen Regionen führten Temperaturanstiege zu einer erhöhten Suizidrate, in anderen zu einer verringerten Suizidrate. In vielen Regionen zeigte sich kein Zusammenhang zwischen Temperatur und Suizidrate. Die Zusammenhänge zwischen Luftfeuchtigkeit und Suizidalität gingen ebenfalls in verschiedene Richtungen, waren generell jedoch stärker als zwischen Temperatur und Suizidalität. Sie zeigten außerdem, dass Frauen und junge Menschen anfälliger für diesen Effekt waren. Aus diesen Ergebnissen kann geschlossen werden, dass der Einfluss von Temperatur und Luftfeuchtigkeit auf Suizidalität komplexer zu sein scheint als angenommen. Die Region, das Geschlecht und das Alter der betroffenen Personen scheinen eine wichtige Rolle in dieser Beziehung zu spielen. Trotz aller offenen Fragen kann festgehalten werden, dass diese Entwicklungen weiter beobachtet werden sollten und dass die lokale Gesundheitsversorgung die Risiken der Klimakrise in ihrer spezifischen Region berücksichtigen sollte.

Es gibt verschiedene Erklärungsansätze für diese regionalen Zusammenhänge. Eine Studie deutet etwa darauf hin, dass die erhöhte Suizidrate durch Hitzewellen in Indien von den durch die Hitze ausgelösten Ernteausfälle verursacht wird (Carleton 2017). Dies spricht eher für einen sozio-ökonomischen Beweggrund. Ob sozio-ökonomische Auswirkungen von Hitze die erhöhte Suizidalität in anderen Ländern mit einem eher gemäßigten Klima erklären können, ist ungeklärt.

Auch biologische Ursachen werden diskutiert, etwa die Theorie, dass Hitze zu generell erhöhter Aggression und Gewalt führt, welche auch suizidales Verhalten bedingen könnten. Die Annahme, dass hohe Temperaturen zu mehr aggressivem Verhalten führen, besteht schon seit den 1970er Jahren und wurde in vielen experimentellen Studien belegt (Allen et al. 2018). Allerdings gab es ebenso Studien, die diesen Effekt nicht replizieren konnten (Lynott et al. 2023). Eine andere Theorie besagt, dass Hitze zu mehr prosozialem Verhalten führt und sich positiv auf unsere zwischenmenschlichen Beziehungen auswirkt (L. E. Williams und Bargh 2008). Auch hier finden sich Studien, die diese Theorie unterstützen und Studien, die den Effekt nicht zeigen. Eine aktuelle Meta-Studie untersuchte die Evidenz für beide Theorien und kam zu dem Schluss, dass es für beide Effekte keine hinreichende Evidenz gibt (Lynott et al. 2023).

Eine weitere mögliche Ursache ist der Einfluss von Hitze auf unsere Schlafqualität sowie die Möglichkeit uns sportlich zu betätigen. Schlaf und Bewegung sind zwei wichtige Faktoren, um psychische Gesundheit zu schützen (siehe Abb. 5.1). Zu wenig Schlaf ist assoziiert mit Depressivität, verringerter kognitiver Leistungsfähigkeit, verringerter Produktivität, gehäuften Arbeitsunfällen, Wut und Suizidalität (Minor et al. 2020). Wir alle erinnern uns bestimmt an heiße Sommernächte, in denen wir kein Auge zugetan haben, weil es im Schlafzimmer einfach zu warm war. Unser Schlafrhythmus ist stark an unseren zirkadianen Temperatur-Rhythmus gekoppelt. Wir initiieren unser Schlafengehen dann, wenn unsere Körpertemperatur und Hirntemperatur am Abend zu sinken beginnen. Auch während wir schlafen, sinkt unsere Körpertemperatur (Harding et al. 2019). Diese Thermoregulation ist wichtig für die Schlafdauer und Schlafqualität und eine Störung dieser ist mit Schlafstörungen assoziiert. Die perfekte Raumtemperatur für den menschlichen Schlaf liegt bei 19 bis 22 °C, wobei die perfekte Temperatur unter unserer Decke zwischen 31 und 35 °C liegt. Aber spielt die Temperatur außerhalb unserer Wohnung überhaupt eine Rolle für unseren Schlaf? Minor et al. (2020) untersuchten mithilfe von Fitnessarmbändern die Schlafdauer von über 50.000 Menschen in 68 verschiedenen Ländern. Sie fanden, dass eine Erhöhung der Außentemperatur die Schlafdauer signifikant reduzierte. Im Durchschnitt führte eine Außentemperatur von 25 °C zu einer Reduktion der Schlafzeit um 7 min und einer erhöhten Wahrscheinlichkeit, weniger als 7 h zu schlafen (im Vergleich zum Schlaf bei 5 bis 10 °C Außentemperatur). Diese Reduktion kam vor allem durch späteres Einschlafen zustande. Frauen, ältere Personen und Personen mit geringem Einkommen waren besonders stark betroffen. Vor allem in Städten wird es durch den UHI Effekt in Zukunft immer schwieriger werden, in

Abb. 5.1 Wie sich Hitze auf unsere mentale Gesundheit auswirken kann

den Sommermonaten einen gesunden Schlafrhythmus aufrecht zu erhalten. Global betrachtet werden vulnerable Gruppen im globalen Süden besonders unter diesen Folgen der Erderwärmung leiden (Minor et al. 2020).

Außerdem besteht das Risiko, dass extreme Hitze einen negativen Einfluss auf unsere sozialen Kontakte und unser Bewegungsverhalten hat. Wenn es in der heißen Mittagssonne nicht mehr auszuhalten ist, dann entfallen die Treffen im Park, am See oder auf dem Balkon. Die Teile des Sommers, auf die sich viele von uns am meisten freuen, werden in vielen Teilen der Welt nicht mehr schön sein. Auch hier stellen ältere Personen und Personen mit geringem Einkommen eine besonders vulnerable Gruppe dar. Personen, die sich eine Klimaanlage leisten können, mögen in der Lage sein, ihre sozialen Kreise weiterhin in einem schönen Umfeld drinnen zu treffen. Personen, die dieses Privileg nicht haben, werden möglicherweise in den Sommermonaten erhöhte soziale Isolation erleben. Ähnlich sieht es bei unserem Bewegungsverhalten aus. Bei 36 °C überlegen wir es uns zwei Mal, ob wir wirklich mit dem Fahrrad zur Arbeit fahren, die Runde im Park drehen, einkaufen gehen oder ins schlecht klimatisierte Fitnessstudio fahren. Bewegung und Sport sind ein wichtiger Stabilisator für unsere mentale Gesundheit und darüber hinaus Aktivitäten, die wir oft mit anderen Menschen gemeinsam machen (Deslandes et al. 2009).

6 Weggespült: Fluten und andere Naturkatastrophen als Trauma-Auslöser

Stellen Sie sich vor, Sie müssten Ihr Haus mit allen Ihren Besitztümern und Erinnerungsstücken verlassen, weil sich eine unkontrollierbare Feuerwalze auf Ihr Wohngebiet zubewegt. Einen Tag später meldet sich die Feuerwehr bei Ihnen und kann nur noch erläutern, dass Ihr Heim nicht zu retten war und alles bis auf die Grundmauern niedergebrannt ist. Wie würden Sie sich fühlen?

Was in Deutschland undenkbar erscheint, ist in Teilen der USA und Australiens traurige Realität. In der Waldbrand-Saison 2021 an der Westküste der USA mussten mehr als 1000 Einwohnern Kaliforniens ihre Häuser wegen der verheerenden Brände verlassen. Dabei brannten zehntausende Quadratkilometer Wald nieder. Solche Szenarios sind mittlerweile auch in Mittel-Europa denkbar. Auch in Deutschland kam es 2022 zu ausgedehnten Waldbränden, etwa in der Sächsischen Schweiz, in Italien und Frankreich kam es sogar zu Bränden in Wohngebieten.

Hitzewellen können, wie im letzten Kapitel besprochen, aus vielen Gründen negative Auswirkungen auf die psychische Gesundheit haben. Sie haben dabei oft eher langfristige negative Effekte für die psychische Gesundheit. Waldbrände und andere Naturkatastrophen haben im Gegensatz dazu häufig sehr direkte Auswirkungen auf die physische und psychische Gesundheit der Menschen. Da diese häufig akut lebensbedrohlich sind (und oft zu Todesfällen führen), sind sie häufig akut mit einer Erhöhung der Prävalenz von posttraumatischen Belastungsstörungen (PTBS) und anderen psychischen Erkrankungen wie Angststörungen und Depression assoziiert.

Dabei ist klar, dass der menschengemachte Klimawandel auch die Wahrscheinlichkeit für Naturkatastrophen wie Waldbrände und Fluten steigert. Hier gibt es also neben den oben beschriebenen Effekten von Hitzewellen eine zweite wichtige Konsequenz des Klimawandels, die sich massiv negativ auf die psychische Gesundheit der Menschen auswirkt (siehe Abb. 6.1).

D. Metzen und S. Ocklenburg, *Die Psychologie und Neurowissenschaft der Klimakrise*, essentials, https://doi.org/10.1007/978-3-662-67365-2_6

Abb. 6.1 Waldbrände wirken sich negativ auf das psychische Wohlbefinden der Menschen aus

Der bereits erwähnte Bericht in „The Lancet" zeichnet dabei ein sehr düsteres Bild (Romanello et al. 2022). In dem Bericht wurde die Waldbrandgefahr im Zeitraum von 2001 bis 2004 mit der im Zeitraum von 2018 bis 2021 verglichen. Es zeigte sich ein deutlicher Anstieg. In 61 % der untersuchten Länder stieg die Wahrscheinlichkeit für das Auftreten von Tagen mit hoher Waldbrandgefahr. In einigen Teilen der Welt ist diese Gefahr besonders drastisch. So zeigte eine amerikanische Studie, dass sich in Kalifornien die jährlich verbrannte Waldfläche zwischen 1972 und 2018 verfünffachte (A. P. Williams et al. 2019). Waldbrände haben viele direkte und indirekte negative Auswirkungen auf die psychische

Gesundheit. Der Verlust von Eigentum oder geliebten Menschen durch ein unkontrolliertes Feuer kann zu einem Trauma führen und die Wahrscheinlichkeit von Erkrankungen wie PTBS oder Depression erhöhen. Waldbrände können auch zu anderen gesundheitlichen Problemen beitragen, wie z. B. zu Lungenproblemen im Zusammenhang mit dem Einatmen von Rauch. Diese könnten Schmerzen oder Arbeitsunfähigkeit verursachen, was wiederum das Risiko für psychische Erkrankungen erhöht. Größere Brandwunden können auch direkt zu psychischen Problemen führen, etwa wenn Menschen sich entstellt fühlen.

Um die psychischen Folgen von Waldbränden zu quantifizieren, wurden in einer koreanischen Studie Menschen befragt, die einen verheerenden Waldbrand in der koreanischen Provinz Gangwon miterlebt hatten (Hong et al. 2022). Es zeigte sich, dass die betroffenen Personen eine Vielzahl negativer Symptome zeigten, darunter körperliche Beschwerden (76,2 %), Schlaflosigkeit (59,2 %), Angst (50 %), ein Engegefühl in der Brust (34 %), Trauer (33 %), wiederkehrende traumatische Erinnerungen („Flashbacks") an das Feuer (33 %) und Depressionen (32,5 %). Während sich bei vielen Betroffenen die Symptome nach einem halben Jahr verbessert hatten, zeigten besonders Menschen mit Flashbacks langfristig psychische Probleme. Durch die steigende Anzahl von Waldbränden weltweit ist also mit massiven Anstiegen psychischer Belastungen der betroffenen Menschen zu rechnen.

Waldbrände sind nicht die einzigen extremen Klimaereignisse, welche die psychische Gesundheit der Menschen bedrohen. Durch die globale Erderwärmung kommt es dazu, dass es in vielen bergigen Regionen weltweit öfter regnet und weniger schneit als in vergangenen Jahrzehnten. Eine amerikanische Studie konnte zeigen, dass dies die Stärke von Überflutungen durch Flüsse in tiefer gelegenen Ebenen in Zukunft deutlich erhöhen wird (Davenport et al. 2020). Dabei zeigte sich, dass Überflutungen, die vor allem durch Regen in den Bergen getrieben wurden, etwa 2,5 Mal so groß sind wie solche, die durch abtauenden Schnee getrieben werden. Es ist also in Zukunft mit häufigeren und schwereren Überflutungen zu rechnen. Auch in Europa kommt es immer wieder zu fatalen Überflutungen. Ein Beispiel findet sich in Deutschland im Juli 2021. Durch starke Regenfälle wurden hier die Überschwemmungen so extrem, dass ganze Dörfer zerstört wurden und über 180 Menschen starben (Tagesschau 2022).

Das Erleben eines solchen Ereignisses kann, ähnlich wie bei Waldbränden, zu schweren psychischen Belastungen führen (siehe Abb. 6.2). Eine Studie aus Indien erfasste verschiedene Parameter psychischer Erkrankungen bei 276 Bewohner*innen des indischen Bundesstaates Kerala, die direkt von einer Überflutung betroffenen waren (Asim et al. 2022). Es zeigte sich, dass ein Jahr nach der Flut 92 % der Frauen und 87 % der Männer subklinische Symptome

Abb. 6.2 Fluten wirken sich negativ auf das psychische Wohlbefinden der Menschen aus

einer psychiatrischen Erkrankung (Depression, Angst oder PTSD) aufwiesen. Die Autor*innen der Studie schlussfolgerten, dass Überflutungen auch langfristig ein deutliches Risiko für die psychische Gesundheit betroffener Menschen darstellten und optimierte therapeutische Behandlungsstrategien entwickelt werden müssen.

Neben diesen direkten Traumata durch Naturkatastrophen kann es auch zu indirekten Traumata kommen. Nach einem größeren Feuer oder einer schweren Überflutung sind die betroffenen Gebiete oft langfristig nicht mehr bewohnbar, da kritische Infrastruktur zerstört wurde. Außerdem kann es zu Umweltbelastungen kommen, etwa durch Verunreinigungen der Wasserversorgung. In einigen Fällen ist es auch schlichtweg zu risikoreich, wieder Wohnhäuser aufzubauen, da sich die Naturkatastrophe in diesem Gebiet wiederholen könnte. Dies kann die Behandlung betroffener Menschen erschweren, etwa wenn Psychotherapiepraxen und psychiatrische Krankenhäuser durch Überschwemmungen zerstört werden. Wenn ein solcher Notstand länger andauert und sich die Therapie dringend behandlungsbedürftiger Patient*innen lange verzögert, kann dies ihre langfristige Chance auf Heilung deutlich verschlechtern. Darüber hinaus kommt es nach einer Naturkatastrophe oft dazu, dass Menschen umgesiedelt werden müssen und nicht mehr in ihre alte Heimat zurückkehren können. Dies ist oft mit psychischen Belastungen verbunden, vor allem bei älteren Menschen, die ihr ganzes Leben in einem Landstrich gelebt haben und sich häufig schwierig an eine neue Umgebung gewöhnen können. Laut eines Reports der Weltbank ist bis 2050 damit zu rechnen, dass etwa 216 Mio. Menschen durch die Klimakrise gezwungen sein werden, aus ihrer Heimat zu fliehen (Clement et al. 2021). Es konnte gezeigt werden, dass sowohl Kinder als auch Erwachsene, die ihre Heimat verlassen und sich woanders neuansiedeln mussten, höhere Auftretenswahrscheinlichkeiten von PTBS, Depressionen und Angststörungen haben (Javanbakht und Grasser 2022). Dies hat laut der Autor*innen der Studie mehrere Gründe. Zum einen kann das Trauma der erlebten Naturkatastrophe noch lange nachwirken, zum anderen ist auch die Immigration selbst häufig traumatisierend. Eine Flucht nach Europa endet für viele Menschen tödlich. Wir alle kennen die Bilder von angespülten Booten und frierenden Menschen an der EU-Außengrenze. Wenn eine flüchtende Person es in ein vermeintlich sicheres Land geschafft hat, wird sie häufig in Flüchtlingsunterkünften in desolaten Zuständen untergebracht. Während des langwierigen Asylprozesses sind die Möglichkeiten zur Arbeit und Integration oft stark eingeschränkt. Außerdem sind geflüchtete Menschen in vielen Ländern Diskriminierung und Hetze ausgesetzt und haben Probleme, gute psychologische Versorgung bei psychischen Problemen zu bekommen, etwa durch Sprachbarrieren oder finanzielle Schwierigkeiten. Mit Blick auf die in Zukunft steigenden Zahlen der Klimageflüchteten und die bereits kontroverse Flüchtlingspolitik in Europa müssen die Vorbereitungen für die Versorgung der hilfesuchenden Menschen jetzt begonnen werden.

7 Artensterben, Ökosysteme und psychische Gesundheit

Die Erdgeschichte verzeichnet bislang fünf große Massenaussterben, die in der Regel durch massive und rapide Veränderungen des globalen Klimas ausgelöst wurden. Das bekannteste und jüngste Massenaussterben wurde vor 65 Mio. Jahren durch einen Meteoriteneinschlag ausgelöst und führte zum Aussterben der Dinosaurier. Über die letzten Jahrzehnte hat sich immer mehr Evidenz dafür gesammelt, dass wir uns am Anfang des sechsten großen Massenaussterbens befinden. Dieses Mal gibt es allerdings einen bedeutenden Unterschied: Das sechste große Massensterben wird nicht durch natürliche Veränderungen wie vulkanische Aktivität oder Meteoriten herbeigeführt, sondern durch die anthropogene Aktivität auf dem Planeten – also von uns Menschen (Cowie et al. 2022). Laut dem Bericht der Intergovernmental Science-Policy Platform on Biodiversity and Ecosystem Services (IPBES) sind bereits 25 % aller Arten vom Aussterben bedroht. Die Biomasse wilder Säugetiere ist im Vergleich zur Prähistorie um 82 % gesunken und natürliche Ökosysteme sind bereits um 47 % zurückgegangen (siehe Abb. 7.1). Gründe für diese Disruptionen sind durch den Menschen verursache Umweltzerstörung durch Land- und Wassernutzung, direkte Ausnutzung wie Fischerei und Jagd, Klimawandel, Umweltverschmutzung und das Einführen von fremden Spezies (z. B. Ratten) in Ökosysteme (IPBES 2019).

Die Biodiversitätskrise und die Klimakrise sind zwei eng miteinander verknüpfte Katastrophen, die beide die Lebensgrundlage unserer Zivilisation gefährden. Aber was bedeuten der Artenverlust und der Verlust von Ökosystemen für unsere mentale Gesundheit?

Viele von uns zieht es bei schönem Wetter in den Wald, an den See, in die Berge oder ans Meer. Erholung, Urlaub und Freizeit sind für viele Menschen nicht von der Natur zu trennen. Hartig et al. (2003) untersuchten, wie sich Aufmerksamkeit und Stress durch verschiedene Umgebungen verändern können.

D. Metzen und S. Ocklenburg, *Die Psychologie und Neurowissenschaft der Klimakrise*, essentials, https://doi.org/10.1007/978-3-662-67365-2_7

Abb. 7.1 Artensterben ist eine der Folgen der Klimakrise

Zwei Gruppen absolvierten eine Aufmerksamkeitsaufgabe und wurden anschließend in einen Raum mit Blick auf Bäume oder einen Raum ohne Blick auf Bäume gebracht. Der diastolische Blutdruck der Gruppe im Raum mit Blick in die Natur sankt dabei schneller als der der anderen Gruppe, was darauf hindeutet, dass bereits das Sehen von natürlichen Umgebungen Stress reduzieren kann. Danach ging die erste Gruppe in einem Naturschutzgebiet spazieren, während die andere Gruppe in der Stadt spazieren ging. Der Spaziergang im Naturschutzgebiet förderte die Stressreduktion dabei stärker als der Spaziergang in der Stadt. Als die Versuchspersonen nach dem Spaziergang erneut einen Aufmerksamkeitstest absolvierten, zeigte sich im Vergleich zur Baseline eine Verbesserung der Leistung in der Natur-Gruppe und eine Verschlechterung der Leistung in der Stadt-Gruppe. In Kap. 3 wurde bereits erklärt, dass dieser stressreduzierende Effekt vermutlich durch den Einfluss von natürlichen Umgebungen auf bestimmte Netzwerke im Gehirn ausgelöst wird. Es gibt außerdem Studien, die nahelegen, dass Naturexposition einen positiven Einfluss auf unseren Affekt haben kann und somit möglicherweise langfristig die psychische Gesundheit stabilisieren könnte (Bratman et al. 2019).

Möglicherweise sehen wir beim nächsten Spaziergang, wie stark sich unsere Umwelt schon verändert hat. Ob nun verdorrte Wälder, überflutete Täler oder riesige Kohlegruben dort zu finden sind, wo einst Wiesen und Wälder waren. Das schmerzliche Gefühl des Verlustes, welches wir spüren, wenn sich unsere Umwelt durch Naturkatastrophen oder Umweltzerstörung verändert, nennt sich Solastalgie (Albrecht et al. 2007). Ausprägungen können Gefühle wie Hilflosigkeit, Isolation, Frustration, Trauer bis hin zu Depressionen und psychosomatischen Symptomen sein (Galway et al. 2019). Auch antizipierte Solastalgie kann uns belasten. Das bedeutet, dass auch das Wissen darüber, dass sich unsere Umwelt in Zukunft durch die Klimakrise verändern wird, belastend sein kann (Moratis 2021).

Besonders betroffen von Solastalgie sind indigene Bevölkerungsgruppen. Indigene Bevölkerungsgruppen wie z. B. Aborigines und Torres-Strait-Insulaner*innen in Australien sind kulturell stark naturverbunden (Breth-Petersen et al. 2023). Ihre psychische Gesundheit ist durch die Folgen der Klimakrise, die jahrhundertelange Zerstörung ihrer Gebiete und Einschränkung ihrer Kultur durch Kolonialmächte besonders gefährdet. Dies kann etwa in erhöhtem Alkohol- und Drogenkonsum gipfeln. Paradoxerweise stellt die Verbundenheit zur Natur sowohl einen Risikofaktor als auch einen protektiven Faktor für Solastalgie bei Aborigines und Torres-Strait-Insulaner*innen dar. Breth-Petersen et al. (2023) erklären dies damit, dass die Zerstörung der Natur besonders schmerzhaft ist für Personen, die sich dieser Natur nahe fühlen. Allerdings kann das Verständnis der Menschheit als Beschützer von Natur, Meer, Flora und Fauna auch die Resilienz gegen Solastalgie stärken. Auch ziviles Engagement gegen die Klimakrise in Form von Protesten oder Bildung stellt einen protektiven Faktor dar und kann kollektive Resilienz von Gemeinschaften stärken.

Junge Menschen und zukünftige Generationen sind besonders durch die Folgen der Klimakrise betroffen, obwohl sie am wenigsten dazu beigetragen haben. Diese Ungerechtigkeit und die bevorstehenden Katastrophen wirken sich auch jetzt schon negativ auf die mentale Gesundheit von Kindern und Jugendlichen aus, die sich viele Sorgen um die Zukunft machen und besonders unter Solastalgie leiden (Gislason et al. 2021). Eine Studie des Bundesministeriums für Umwelt, Naturschutz, nukleare Sicherheit und Verbraucherschutz befragte 2021 1010 Jugendliche zwischen 14 und 22 Jahren zu ihren Gedanken und Gefühlen zur Klimakrise. 88 % der Jugendlichen berichteten Trauer darüber, dass der Mensch die Umwelt zerstört. 83 % berichteten Mitleid für durch Umweltzerstörung bedrohte Tiere, 82 % gaben an, wütend über die immer schlimmer werdende Umweltverschmutzung zu sein. 73 % gaben an, Angst vor den Folgen der Klimakrise zu haben (BMUV 2021). Junge Menschen sind sich ihrer Situation und der unsicheren Zukunft bewusst. Es liegt an den älteren Generationen, diese Sorgen

8 Handlungsbedarf in der Gesundheitsversorgung: The time is now!

„We are on a highway to climate hell with our foot still on the accelerator – Wir sind auf dem Weg in die Klimahölle, mit unserem Fuß immer noch auf dem Gaspedal." So beschreibt UN Generalsekretär António Guterres die momentane Lage der Menschheit in seiner Rede auf der Weltklimakonferenz in Sharm El Sheikh im Jahr 2022.

Die vorangegangenen Kapitel zeigen sehr deutlich: Die Klimakrise ist nicht nur eine ökologische Katastrophe, sondern auch eine Katastrophe für die psychische Gesundheit der Menschheit weltweit. Obwohl wir seit Jahren einen Anstieg an psychischen Herausforderungen und Erkrankungen beobachten können, werden Unterstützungsprogramme und Forschung zu dem Thema weiterhin nicht ausreichend gefördert (WHO 2021). Auch die Autor*innen des Lancet-Berichts betonen, dass zu wenige nationale Anpassungspläne zur Bekämpfung der Klimakrise spezifische Lösungen für psychische Gesundheitsprobleme enthalten. Nur 28 % der WHO-Mitgliedsländer nahmen psychische Gesundheit in ihre Aktionspläne auf (Romanello et al. 2022). Es muss eindeutig mehr getan werden, um die durch die Klimakrise verursachte Krise der psychischen Gesundheit zu bekämpfen. Die WHO empfiehlt folgende Schritte:

1. Die Folgen des Klimawandels bei der Entwicklung und Planung von Programmen zur psychischen Gesundheit einbeziehen.
2. Psychische Gesundheit bei der Entwicklung von Programmen zur Klimakrise und gesundheitlichen Folgen einbeziehen.
3. Das Gesundheitssystem und die Belegschaft auf eine steigende Anzahl von Patient*innen vorbereiten.
4. Identifikation besonders vulnerabler Bevölkerungsgruppen/Gebiete und damit einhergehende Risikoüberwachung.

D. Metzen und S. Ocklenburg, *Die Psychologie und Neurowissenschaft der Klimakrise*, essentials, https://doi.org/10.1007/978-3-662-67365-2_8

5. Investitionen in Forschung sowie klimaresiliente Infrastruktur des Gesundheitssektors.
6. Notfallpläne für Naturkatastrophen.
7. Investition in mehr Forschung zum Einfluss der Klimakrise auf die psychische Gesundheit und mögliche Behandlungs- und Präventionsstrategien.

Klimaangst ist ein immer größer werdendes Problem, vor allem unter jungen Menschen (Bingley et al. 2022). Unsere Psychotherapien und Beratungsstellen müssen diese Gefühle ernst nehmen und entsprechend mit ihnen umgehen. Dabei muss betont werden, dass die Angst vor der drohenden Zerstörung unserer Lebensgrundlagen nicht von pathologischer Natur ist, sondern vollkommen angemessen. Trotzdem leiden Menschen unter diesen Gefühlen. Als Beschäftigte des Gesundheitssystems ist es wichtig, dass wir diese Ängste ernst nehmen und nicht kleinreden. Wir sollten junge Menschen außerdem in ihrer Fähigkeit unterstützen, sich aktivistisch gegen die Klimakrise zu engagieren (Sanson und Bellemo 2021). Denn Initiative zu ergreifen, erhöht das Selbstwirksamkeitsgefühl und stärkt auch das Gemeinschaftsgefühl, kann Klimaangst senken und wirkt sich positiv auf den individuellen und kollektiven Umweltschutz aus.

Wir – Wissenschaftler*innen, Pfleger*innen, Ärzt*innen und Psycholog*innen – haben eine wichtige Rolle in der Bewältigung Klimakrise. Viele Beschäftigte in Gesundheits- und Wissenschaftssystem sind aus dem gleichen Grund hier: um die Gesundheit und Gesundheitsversorgung unserer Bevölkerung zu fördern und sicherzustellen. Die Klimakrise ist eine immense Bedrohung für die körperliche und psychische Gesundheit unserer Mitmenschen und deswegen für uns von höchster Priorität. In ihrem Text zur Rolle von Wissenschaftler*innen und Personen in Gesundheitsberufen schreibt Fiona Goodlee, Ärztin und ehemalige Editor in Chief des British Medical Journal: „[We] can't protect [our] patients, if we don't protect the planet" – „Wir können unsere Patient*innen nicht schützen, wenn wir den Planeten nicht schützen" (Godlee 2022).

Aber was können wir als Einzelne ausrichten? Das Gute ist, dass wir nicht allein sind. Wir sind viele und wir sind bereits in Gesellschaften wie der Society for Neuroscience (SFN) mit über 37.000 Mitgliedern organisiert. Alleine die Neurowissenschaften erhalten jährlich über 7 Mrd. $ Förderung durch die National Institutes of Health – und das nur in den USA (Keifer und Summers 2021). Aus Gesundheits- und Wissenschaftsberufen sind außerdem schon viele Teile der Klimagerechtigkeitsbewegung entstanden, z. B. Health for Future, Psychologists for Future, Scientists for Future, Scientist Rebellion oder Doctors for Extinction Rebellion. Als Gemeinschaft haben wir die Möglichkeit, den gesellschaftlichen Wandel voranzutreiben. Die Optionen, sich aktiv einzubringen, sind dabei vielfältig: die Ausstattung lokaler Krankenhäuser vorantreiben, Demonstrationen planen, Bildungsarbeit und Kampagnen durchführen, sich in Berufskammern engagieren, Politiker*innen beraten oder zivilen Ungehorsam zeigen. All dies sind Möglichkeiten, unser Wissen einzubringen und die Gesundheit unserer Bevölkerung zu schützen.

Immer mehr Wissenschaftler*innen entscheiden sich dazu, friedlichen zivilen Ungehorsam zu leisten (Capstick et al. 2022). Ziviler Ungehorsam beschreibt dabei Aktionsformen, die das öffentliche Leben stören sollen. Beispiele dafür sind etwa Zuwege zu Unternehmen der fossilen Brennstoffindustrie zu blockieren oder wissenschaftliche Studien ohne Erlaubnis an öffentlichen Gebäuden aufzuhängen. Vielen mag diese Aktionsform kontraproduktiv vorkommen. Schreckt man so Leute nicht eher ab und lässt die Wissenschaft unseriös aussehen? Es ist eher das Gegenteil. Wir befinden uns in einem Stadium der Klimakrise, in dem viele Wissenschafter*innen – vor allem jene, die seit Jahrzehnten vor den Folgen der Klimakrise warnen – öffentlichen Protest als letzten Ausweg sehen. Wie können Expert*innen dennoch vermitteln, dass wir uns in einer Notlage befinden? Jahrelanges Warnen, zahllose Publikationen und ellenlange Berichte über einen sich anbahnenden Kollaps unserer Lebensgrundlagen haben offenbar nicht ausgereicht. Denn was macht die Dringlichkeit der Klimakrise deutlicher als hochrangige Wissenschaftler*innen wie Peter Kalmus, NASA Wissenschaftler und IPCC-Autor, die sich aus Verzweiflung an Gebäude von großen fossilen Investoren ketten? Wissenschaftler*innen und Menschen in Gesundheitsberufen haben eine besondere Stellung in der Gesellschaft – wir werden von vielen Menschen gehört und viele Menschen vertrauen uns. Die Klimagerechtigkeitsbewegung braucht diese Stimmen (The Lancet Planetary Health Editorial 2022). In der Vergangenheit trug friedlicher ziviler Ungehorsam durchaus Früchte – denken wir beispielsweise an die Suffragetten. Viele Wissenschaftler*innen sehen in friedlichem zivilem Protest die Hoffnung, noch etwas verändern zu können. Und Hoffnung ist in diesen Zeiten ein rares Gut.

9 Die Zukunft der Klimaneurowissenschaften

Wie im letzten Kapitel deutlich geworden, besteht durch die vielfältigen negativen Folgen des menschengemachten Klimawandels auf die psychische Gesundheit der Menschen ein enormer Handlungsbedarf in der Gesundheitsversorgung. Daher gibt es noch einen weiteren Bereich, in dem sich dringender Handlungsbedarf durch die Klimakrise ergibt: Die psychologische und neurowissenschaftliche Forschung. Da die Klimakrise wahrscheinlich einer der größten Auslöser psychischer Erkrankungen in den nächsten Jahrzehnten und Jahrhunderten sein wird, sollte sie auch einer der zentralen Fokuspunkte der Hirnforschung sein. Wir brauchen eine starke Klimaneurowissenschaft!

Dabei müssen auf der einen Seite die Ursachen und die aufrechterhaltenden Faktoren der Klimakrise grundlagenwissenschaftlich untersucht werden, um besser verstehen zu können, wie es überhaupt dazu kommen konnte, dass Menschen durch ihr Verhalten langfristig das Klima der Erde verändern. Auf der anderen Seite müssen die Mechanismen der Entstehung psychischer Belastungen durch die Klimakrise neurowissenschaftlich untersucht werden, um klimabezogene Psychotherapieverfahren zu erschaffen.

In einem aktuellen Übersichtsartikel erläuterten Forschende der Universität Groningen in den Niederlanden wichtige Themenfelder für zukünftige neurowissenschaftliche Forschung zu menschlichem Verhalten im Rahmen der Klimakrise (Wang und van den Berg 2021). Dabei stellten die Forschenden die folgenden Forschungsgebiete besonders heraus (siehe Abb. 9.1):

1. Fairness: Die Ressourcen der Erde sind endlich und es wird immer häufiger zu Konflikten über limitierte Ressourcen (wie etwa Wasser in bestimmten Regionen oder Rohstoffe) kommen. Daher wird es immer wichtiger werden, Kompromisse zwischen den Parteien, die um solche Ressourcen konkurrieren, zu finden. Dabei ist es zur Vermeidung langfristiger politischer Konflikte

D. Metzen und S. Ocklenburg, *Die Psychologie und Neurowissenschaft der Klimakrise*, essentials, https://doi.org/10.1007/978-3-662-67365-2_9

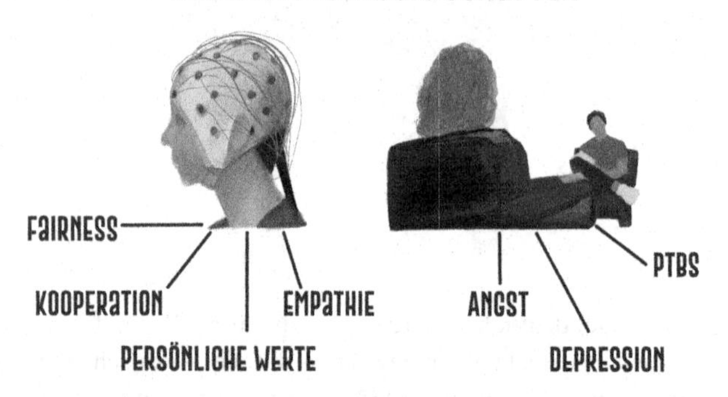

Abb. 9.1 Kernbereiche der Grundlagenforschung und der klinischen Forschung im Bereich der Klimaneurowissenschaften

zentral, dass sich niemand unfair behandelt fühlt. Neurowissenschaftliche Forschung dazu, wann etwas als fair angesehen wird (etwa in spieltheoretischen Paradigmen), kann dazu beitragen, solche Kompromisse zu finden.

2. Kooperation: Das Erreichen bestimmter Klimaziele (etwa, dass Europa bis 2050 klimaneutral wird) ist nur möglich, wenn viele verschiedene Interessengruppen an einem Strang ziehen. Die soziale Neurowissenschaft kann dazu beitragen, zu verstehen, wann Kooperation funktioniert und wann nicht.
3. Empathie: Schon heute leiden viele Menschen psychisch und körperlich an den Folgen der Klimakrise. Empathie, also die Fähigkeit, die Emotionen und das Leiden einer anderen Person wahrzunehmen, kann daher ein zentraler Motivator dafür sein, dass sich eine Person für den Klimaschutz engagiert. So könnte etwa jemand empathisch mitfühlen, wenn eine Person, die in der Landwirtschaft arbeitet, berichtet, starke Angst zu haben, ihren Job zu verlieren, weil die Ernten wegen anhaltender Dürre ausbleiben. Diese Empathie könnte dann zu mehr Einsatz im Kampf gegen die Klimakrise führen. Neurowissenschaftliche Forschung zur Empathie kann also dazu beitragen, zu verstehen, warum sich jemand gegen die Klimakrise einsetzt.
4. Persönliche Werte: Es gibt große Persönlichkeitsunterschiede zwischen Menschen und diese können klimaschützendes und klimaschädigendes Verhalten beeinflussen. Eine Person, der nur Geld wichtig ist und nicht die Mitmenschen,

neigt wahrscheinlich eher zu klimaschädigendem Verhalten. Die Neurowissenschaft kann dazu beitragen, solche Prozesse im Kontext der Klimakrise zu verstehen

Darüber hinaus lassen sich auch noch weitere, im Rahmen von klimaschädigendem und klimaschützendem Verhalten relevante psychologische Konstrukte nennen, deren neurowissenschaftliche Untersuchung im Kontext der Klimakrise wünschenswert ist. Dabei wird es eine zentrale Herausforderung sein, bestehende experimentelle Paradigmen und Methoden (etwa EEG und fMRT) so anzupassen und einzusetzen, dass klimarelevante Fragestellungen bearbeitet werden können. Dabei sollte das Augenmerk vor allem auch auf mobil einsetzbaren neurowissenschaftlichen Methoden wie dem mobilen EEG liegen, da diese eine höhere ökologische Validität besitzen als herkömmliche Verfahren. Mit einem mobilen EEG könnte zum Beispiel erfasst werden, welche elektrophysiologischen Prozesse bei der Wanderung durch einen intakten Wald im Vergleich zu einem abgeholzten Wald in Kraft treten.

Neben dieser Grundlagenforschung ist auch die klinische Forschung zur Klimakrise von großer Bedeutung (Berry et al. 2010; Hayes et al. 2018). Schon heute berichten Patient*innen in der Psychotherapie von Klimaangst, Klimatrauer oder Klimawut (Wu et al. 2020). Solche Emotionen und ihre Verbindungen zu psychischen Störungen wie Depressionen, Angststörungen und PTBS zu verstehen, ist eine wichtige Aufgabe für Forschende in den nächsten Jahren. Ein besonderes Problem dabei ist, dass die Klimakrise ein langfristiges Problem ist und die Ängste der Betroffenen oft vollkommen realistisch sind und viele Befürchtungen deswegen Realität werden. So gibt es zum Beispiel Landwirt*innen, die aufgrund einer persistierenden Angst vor Ernteausfall und finanziellem Ruin durch Dürren Angststörungen entwickeln. Wenn die Angst sich Jahr für Jahr bewahrheitet und die Dürre immer wieder die Ernte zerstört, ist es fragwürdig, wie viel Leidensdruck man den Patient*innen mit einer Psychotherapie nehmen könnte. Es ist also hier davon auszugehen, dass Psychotherapie in einigen Fällen nur bedingt hilfreich ist. Eine Bekämpfung der Ursachen der Klimakrise ist folglich von zentraler Bedeutung.

Darüber hinaus ist es wichtig, dass Forschende auch in der Gestaltung ihrer Forschungstätigkeit auf die Klimakrise reagieren (Aron et al. 2020). So kommt es beispielsweise häufig vor, dass Forschende viel fliegen, um etwa ihre Daten auf Kongressen im Ausland zu präsentieren. Flugverkehr macht jedoch 2,4 % der gesamten CO_2 Emissionen durch fossile Brennstoffe aus (Keifer und Summers 2021). Daher sollte kritisch hinterfragt werden, ob wirklich jeder Flug zu einem Kongress notwendig ist, oder ob man auch mal die Bahn nehmen könnte. Auch eine Beteiligung an einem Kongress per Videotelefonie-Software kann zum Klimaschutz beitragen. Darüber hinaus sind Maßnahmen zur Reduktion des Energieverbrauchs und zur Reduktion von Müll an Universitäten und in Forschungslaboren wichtig.

Glaubwürdige, robuste und reproduzierbare Forschung ist von größter Bedeutung, damit politische Entscheidungen zur Klimakrise auf einer wissenschaftlich einwandfreien Faktenlage getroffen werden können. Dabei sollte zukünftige Forschung zu menschlichem Verhalten in der Klimakrise in Übereinstimmung mit den Ideen der Open Science Bewegung durchgeführt werden. Vor allem eine genaue Protokollierung von Studien vor Studienbeginn und eine Präregistrierung von Methoden und Hypothesen ist dabei von großer Bedeutung. Darüber hinaus sind große multinationale Stichproben wichtig, um die Auswirkungen der Klimakrise auf verschiedene Menschen realistisch darstellen zu können. Hier sollte darauf geachtet werden, nicht wie so oft nur „W.E.I.R.D" (Englisch für: White, Educated, Industrialized, Rich, and Democratic) Stichproben zu erheben, sondern andere Gruppen miteinzubeziehen (Henrich et al. 2010). Marginalisierte Gruppen sind besonders stark von den negativen Folgen der Klimakrise betroffen, daher würde ihr Ausschluss den wahren Effekt unterschätzen.

Alles in allem lastet eine große Verantwortung auf den Schultern der Forschenden: Belastbare Forschungsdaten sind von zentraler Bedeutung für informierte Maßnahmen gegen die psychischen Folgen der Klimakrise, aber statistisch schwache Forschung zu veröffentlichen, die nicht replizierbar ist, kann auch Klimaleugner*innen und Wissenschaftsgegner*innen argumentative Munition liefern. Hier gilt es, besonders sorgfältig zu planen, denn belastbare Forschungsergebnisse sind ein zentraler Punkt, um ein weltweites gesamtgesellschaftliches Handeln gegen die Klimakrise sinnvoll zu gestalten.

Insgesamt stehen Forscher*innen in Psychologie und Neurowissenschaften also vor einer großen Aufgabe, die sowohl etablierten Wissenschaftler*innen als auch Nachwuchswissenschaftler*innen vor viele methodische und gesellschaftliche Herausforderungen stellen wird. Dennoch: Wenn Politik, Geldgeber*innen, Forschungseinrichtungen und Forscher*innen an einem Strang ziehen und schnell zielgerichtete Forschungsprogramme starten, bietet sich hier eine große und einmalige Chance, das psychische Wohlergehen der Menschen in den nächsten Dekaden nachhaltig zu verbessen.

Was Sie aus diesem *essential* mitnehmen können

- Die Klimakrise ist mit massiven negativen Auswirkungen auf das psychische Wohlbefinden der Menschen verbunden.
- Umweltneurowissenschaften konnten die positiven Auswirkungen des Aufenthalts in natürlichen Umgebungen nachweisen.
- Die Erderwärmung wirkt sich negativ auf das psychische Wohlbefinden aus, verändert Schlafmuster und reduziert die Möglichkeiten zur körperlichen Betätigung.
- Mit der Klimakrise verbundene Naturkatastrophen wie Waldbrände und Fluten führen zu einem Anstieg posttraumatischer Belastungsstörungen und anderer psychischer Erkrankungen wie Depressionen und Angststörungen.
- Die weltweiten Gesundheitssysteme sind schlecht auf den zu erwartenden Anstieg psychischer Erkrankungen vorbereitet und es müssen Gegenmaßnahmen geplant werden.
- Mehr neurowissenschaftliche und psychologische Forschung zum Thema Klimakrise ist notwendig, um sinnvolle Gegenmaßnahmen gegen den Anstieg psychischer Erkrankungen durch die Klimakrise zu finden.

D. Metzen und S. Ocklenburg, *Die Psychologie und Neurowissenschaft der Klimakrise*, essentials, https://doi.org/10.1007/978-3-662-67365-2

Literatur

Albrecht, G., Sartore, G.-M., Connor, L., Higginbotham, N., Freeman, S., Kelly, B., Stain, H., Tonna, A., & Pollard, G. (2007). Solastalgia: The distress caused by environmental change. *Australasian Psychiatry : Bulletin of Royal Australian and New Zealand College of Psychiatrists, 15 Suppl 1*, S95–98. https://doi.org/10.1080/10398560701701288

Allen, J. J., Anderson, C. A., & Bushman, B. J. (2018). The General Aggression Model. *Current Opinion in Psychology, 19*, 75–80. https://doi.org/10.1016/j.copsyc.2017.03.034

Armstrong McKay, D. I., Staal, A., Abrams, J. F., Winkelmann, R., Sakschewski, B., Loriani, S., Fetzer, I., Cornell, S. E., Rockström, J., & Lenton, T. M. (2022). Exceeding 1.5°c global warming could trigger multiple climate tipping points. *Sience, 377*(6611), eabn7950. https://doi.org/10.1126/science.abn7950

Aron, A. R., Ivry, R. B., Jeffery, K. J., Poldrack, R. A., Schmidt, R., Summerfield, C., & Urai, A. E. (2020). How Can Neuroscientists Respond to the Climate Emergency? *Neuron, 106*(1), 17–20. https://doi.org/10.1016/j.neuron.2020.02.019

Ash, J., & Gallup, G. G. (2007). Paleoclimatic Variation and Brain Expansion during Human Evolution. *Human Nature, 18*(2), 109–124. https://doi.org/10.1007/s12110-007-9015-z

Asim, M., Sathian, B., van Teijlingen, E., Mekkodathil, A. A., Babu, M. G. R., Rajesh, E., N, R. K., Simkhada, P., & Banerjee, I. (2022). A survey of Post-Traumatic Stress Disorder, Anxiety and Depression among Flood Affected Populations in Kerala, India. *Nepal Journal of Epidemiology, 12*(2), 1203–1214. https://doi.org/10.3126/nje.v12i2.46334

Barker, A. J. (2021). Brains and speciation: Control of behavior. *Current Opinion in Neurobiology, 71*, 158–163. https://doi.org/10.1016/j.conb.2021.11.003

Berman, M. G., Stier, A. J., & Akcelik, G. N. (2019). Environmental neuroscience. *The American Psychologist, 74*(9), 1039–1052. https://doi.org/10.1037/amp0000583

Berry, H. L., Bowen, K., & Kjellstrom, T. (2010). Climate change and mental health: A causal pathways framework. *International Journal of Public Health, 55*(2), 123–132. https://doi.org/10.1007/s00038-009-0112-0

Bingley, W. J., Tran, A., Boyd, C. P., Gibson, K., Kalokerinos, E. K., Koval, P., Kashima, Y., McDonald, D., & Greenaway, K. H. (2022). A multiple needs framework for climate change anxiety interventions. *The American Psychologist, 77*(7), 812–821. https://doi.org/10.1037/amp0001012

BMUV. (2021). *Zukunft? – Jugend fragen! Umwelt, Klima, Wandel – was junge Menschen erwarten und wie sie sich engagieren.*

D. Metzen und S. Ocklenburg, *Die Psychologie und Neurowissenschaft der Klimakrise*, essentials, https://doi.org/10.1007/978-3-662-67365-2

Bratman, G. N., Anderson, C. B., Berman, M. G., Cochran, B., Vries, S. de, Flanders, J., Folke, C., Frumkin, H., Gross, J. J., Hartig, T., Kahn, P. H., Kuo, M., Lawler, J. J., Levin, P. S., Lindahl, T., Meyer-Lindenberg, A., Mitchell, R., Ouyang, Z., Roe, J., . . . Daily, G. C. (2019). Nature and mental health: An ecosystem service perspective. *Science Advances, 5*(7), eaax0903. https://doi.org/10.1126/sciadv.aax0903

Breth-Petersen, M., Garay, J., Clancy, K., Dickson, M., & Angelo, C. (2023). Homesickness at Home: A Scoping Review of Solastalgia Experiences in Australia. *International Journal of Environmental Research and Public Health, 20*(3). https://doi.org/10.3390/ijerph20032541

Bundesministerium der Finanzen. (2021). *Aufbauhilfe für vom Hochwasser betroffene Regionen.* https://www.bundesfinanzministerium.de/Content/DE/Standardartikel/Themen/Oeffentliche_Finanzen/aufbauhilfe-fuer-vom-hochwasser-betroffene-regionen.html

Burke, M., González, F., Baylis, P., Heft-Neal, S., Baysan, C., Basu, S., & Hsiang, S. (2018). Higher temperatures increase suicide rates in the United States and Mexico. *Nature Climate Change, 8*(8), 723–729. https://doi.org/10.1038/s41558-018-0222-x

Capstick, S., Thierry, A., Cox, E., Berglund, O., Westlake, S., & Steinberger, J. K. (2022). Civil disobedience by scientists helps press for urgent climate action. *Nature Climate Change, 12*(9), 773–774. https://doi.org/10.1038/s41558-022-01461-y

Carleton, T. A. (2017). Crop-damaging temperatures increase suicide rates in India. *Proceedings of the National Academy of Sciences of the United States of America, 114*(33), 8746–8751. https://doi.org/10.1073/pnas.1701354114

Cassilhas, R. C., Tufik, S., & Mello, M. T. de (2016). Physical exercise, neuroplasticity, spatial learning and memory. *Cellular and Molecular Life Sciences, 73*(5), 975–983. https://doi.org/10.1007/s00018-015-2102-0

Clement, V., Rigaud, K. K., Sherbinin, A. de, Jones, B., Adamo, S., Schewe, J., Sadiq, N., & Shabahat, E. (2021). *Groundswell Part 2.* World Bank, Washington, DC. https://openknowledge.worldbank.org/handle/10986/36248

Cowie, R. H., Bouchet, P., & Fontaine, B. (2022). The Sixth Mass Extinction: Fact, fiction or speculation? *Biological Reviews of the Cambridge Philosophical Society, 97*(2), 640–663. https://doi.org/10.1111/brv.12816

Davenport, F. V., Herrera-Estrada, J. E., Burke, M., & Diffenbaugh, N. S. (2020). Flood Size Increases Nonlinearly Across the Western United States in Response to Lower Snow-Precipitation Ratios. *Water Resources Research, 56*(1), 1–19. https://doi.org/10.1029/2019WR025571

Dedovic, K., Renwick, R., Mahani, N. K., Engert, V., Lupien, S. J., & Pruessner, J. C. (2005). The Montreal Imaging Stress Task: Using functional imaging to investigate the effects of perceiving and processing psychosocial stress in the human brain. *Journal of Psychiatry & Neuroscience, 30*(5), 319–325.

Deslandes, A., Moraes, H., Ferreira, C., Veiga, H., Silveira, H., Mouta, R., Pompeu, F. A. M. S., Coutinho, E. S. F., & Laks, J. (2009). Exercise and mental health: Many reasons to move. *Neuropsychobiology, 59*(4), 191–198. https://doi.org/10.1159/000223730

Florido Ngu, F., Kelman, I., Chambers, J., & Ayeb-Karlsson, S. (2021). correlating heatwaves and relative humidity with suicide (fatal intentional self-harm). *Scientific Reports, 11*(1), 22175. https://doi.org/10.1038/s41598-021-01448-3

Galway, L. P., Beery, T., Jones-Casey, K., & Tasala, K. (2019). Mapping the Solastalgia Literature: A Scoping Review Study. *International Journal of Environmental Research and Public Health*(16), 2–24. https://doi.org/10.3390/ijerph16152662

Gislason, M. K., Kennedy, A. M., & Witham, S. M. (2021). The Interplay between Social and Ecological Determinants of Mental Health for Children and Youth in the Climate Crisis. *International Journal of Environmental Research and Public Health*(18), 1–16. https://doi.org/10.3390/ijerph18094573

Godlee, F. (2022). Who cares about climate change? *BMJ (Clinical Research Ed.), 377*, o1150. https://doi.org/10.1136/bmj.o1150

Hansen, A., Bi, P., Nitschke, M., Ryan, P., Pisaniello, D., & Tucker, G. (2008). The effect of heat waves on mental health in a temperate Australian city. *Environmental Health Perspectives, 116*(10), 1369–1375. https://doi.org/10.1289/ehp.11339

Harding, E. C., Franks, N. P., & Wisden, W. (2019). The Temperature Dependence of Sleep. *Frontiers in Neuroscience, 13*, 336. https://doi.org/10.3389/fnins.2019.00336

Hartig, T., Evans, G. W., Jamner, L. D., Davis, D. S., & Gärling, T. (2003). Tracking restoration in natural and urban field settings. *Journal of Environmental Psychology, 23*(2), 109–123. https://doi.org/10.1016/S0272-4944(02)00109-3

Hayes, K., Blashki, G., Wiseman, J., Burke, S., & Reifels, L. (2018). Climate change and mental health: Risks, impacts and priority actions. *International Journal of Mental Health Systems, 12*, 28. https://doi.org/10.1186/s13033-018-0210-6

Heaviside, C., Macintyre, H., & Vardoulakis, S. (2017). The Urban Heat Island: Implications for Health in a Changing Environment. *Current Environmental Health Reports, 4*(3), 296–305. https://doi.org/10.1007/s40572-017-0150-3

Henrich, J., Heine, S. J., & Norenzayan, A. (2010). The weirdest people in the world? *The Behavioral and Brain Sciences, 33*(2-3), 61–83. https://doi.org/10.1017/S0140525X0999152X

Heprich, P., Rieve, C., & Oei, P.-Y. (2022). *Gasknappheit: Auswirkungen auf die Auslastung der Braunkohlekraftwerke und den Erhalt von Lützerath.* Berlin. Europe Beyond Coal.

Herculano-Houzel, S. (2012). The remarkable, yet not extraordinary, human brain as a scaled-up primate brain and its associated cost. *Proceedings of the National Academy of Sciences of the United States of America, 109 Suppl 1*, 10661–10668. https://doi.org/10.1073/pnas.1201895109

Hong, J. S., Hyun, S. Y., Lee, J. H., & Sim, M. (2022). Mental health effects of the Gangwon wildfires. *BMC Public Health, 22*(1), 1183. https://doi.org/10.1186/s12889-022-13560-8

IPBES. (2019). *Summary for Policymakers of the Global Assessment Report on Biodiversity and Ecosystem Services of the Intergovernmental Science-Policy Platform on Biodiversity and Ecosystem Services.* IPBES secretary.

IPCC. (2021). *Climate Change 2021: The Physical Science Basis. Contribution of Working Group I to the Sixth Assessment Report of the Intergovernmental Panel on Climate Change.* https://doi.org/10.1017/9781009157896

IPCC. (2022a). *Climate Change 2022a: Impacts, Adaptation, and Vulnerability. Contribution of Working Group II to the Sixth Assessment Report of the Intergovernmental Panel on Climate Change.*

IPCC. (2022b). *Climate Change 2022b: Mitigation of Climate Change. Contribution of Working Group III to the Sixth Assessment Report of the Intergovernmental Panel on Climate Change.*

Kamble, S., Joshi, A., Kamble, R., & Kumari, S. (2022). Influence of COVID-19 Pandemic on Psychological Status: An Elaborate Review. *Cureus, 14*(10), e29820. https://doi.org/10.7759/cureus.29820

Keifer, J., & Summers, C. H. (2021). The Neuroscience Community Has a Role in Environmental Conservation. *ENeuro, 8*(2), 1–5. https://doi.org/10.1523/ENEURO.0454-20.2021

The Lancet Planetary Health Editorial (2022). A role for provocative protest. *The Lancet. Planetary Health, 6*(11), e846. https://doi.org/10.1016/S2542-5196(22)00287-X

Licht, S. (2022). *Pakistan – Die Not nach der Flut.* https://www.tagesschau.de/ausland/asien/pakistan-folgen-hochwasser-101.html

Lynott, D., Corker, K., Connell, L., & O'Brien, K. (2023). The effects of temperature on prosocial and antisocial behaviour: A review and meta-analysis. *The British Journal of Social Psychology, 00,* 1–38. https://doi.org/10.1111/bjso.12626

Maguire, E. A., Gadian, D. G., Johnsrude, I. S., Good, C. D., Ashburner, J., Frackowiak, R. S., & Frith, C. D. (2000). Navigation-related structural change in the hippocampi of taxi drivers. *Proceedings of the National Academy of Sciences of the United States of America, 97*(8), 4398–4403. https://doi.org/10.1073/pnas.070039597

Manger, P. R., Patzke, N., Spocter, M. A., Bhagwandin, A., Karlsson, K. Æ., Bertelsen, M. F., Alagaili, A. N., Bennett, N. C., Mohammed, O. B., Herculano-Houzel, S., Hof, P. R., & Fuxe, K. (2021). Amplification of potential thermogenetic mechanisms in cetacean brains compared to artiodactyl brains. *Scientific Reports, 11*(1), 5486. https://doi.org/10.1038/s41598-021-84762-0

Minor, K., Bjerre-Nielsen, A., Jonasdottir, S. S., Lehmann, S., & Obradovich, N. (2020). Ambient heat and human sleep. *ArXiv, abs/2011.07161.* http://arxiv.org/pdf/2011.07161v1

Moratis, L. (2021). Proposing Anticipated Solastalgia as a New Concept on the Human-Ecosystem Health Nexus. *EcoHealth, 18*(4), 411–413. https://doi.org/10.1007/s10393-021-01537-9

Naghavi, M. (2019). Global, regional, and national burden of suicide mortality 1990 to 2016: Systematic analysis for the Global Burden of Disease Study 2016. *BMJ, 364,* 1–11. https://doi.org/10.1136/bmj.l94

Naya, D. E., Naya, H., & Lessa, E. P. (2016). Brain size and thermoregulation during the evolution of the genus Homo. *Comparative Biochemistry and Physiology. Part A, Molecular & Integrative Physiology, 191,* 66–73. https://doi.org/10.1016/j.cbpa.2015.09.017

Nurk, S., Koren, S., Rhie, A., Rautiainen, M., Bzikadze, A. V., Mikheenko, A., Vollger, M. R., Altemose, N., Uralsky, L., Gershman, A., Aganezov, S., Hoyt, S. J., Diekhans, M., Logsdon, G. A., Alonge, M., Antonarakis, S. E., Borchers, M., Bouffard, G. G., Brooks, S. Y., . . . Phillippy, A. M. (2022). The complete sequence of a human genome. *Science, 376*(6588), 44–53. https://doi.org/10.1126/science.abj6987

Rohde, R. A., & Hausfather, Z. (2020). The Berkeley Earth Land/Ocean Temperature Record. *Earth System Science Data, 12*(4), 3469–3479. https://doi.org/10.5194/essd-12-3469-2020

Romanello, M., Di Napoli, C., Drummond, P., Green, C., Kennard, H., Lampard, P., Scamman, D., Arnell, N., Ayeb-Karlsson, S., Ford, L. B., Belesova, K., Bowen, K., Cai, W., Callaghan, M., Campbell-Lendrum, D., Chambers, J., van Daalen, K. R., Dalin, C., Dasandi, N., . . . Costello, A. (2022). The 2022 report of the Lancet Countdown on health and climate change: Health at the mercy of fossil fuels. *Lancet, 400*(10363), 1619–1654. https://doi.org/10.1016/S0140-6736(22)01540-9

Sanson, A., & Bellemo, M. (2021). Children and youth in the climate crisis. *BJPsych Bulletin, 45*(4), 205–209. https://doi.org/10.1192/bjb.2021.16

Schlaffke, L., Leemans, A., Schweizer, L. M., Ocklenburg, S., & Schmidt-Wilcke, T. (2017). Learning Morse Code Alters Microstructural Properties in the Inferior Longitudinal Fasciculus: A DTI Study. *Frontiers in Human Neuroscience, 11*, 383. https://doi.org/10.3389/fnhum.2017.00383

Schlaug, G. (2015). Musicians and music making as a model for the study of brain plasticity. *Progress in Brain Research, 217*, 37–55. https://doi.org/10.1016/bs.pbr.2014.11.020

Stahn, A. C., Gunga, H.-C., Kohlberg, E., Gallinat, J., Dinges, D. F., & Kühn, S. (2019). Brain Changes in Response to Long Antarctic Expeditions. *The New England Journal of Medicine, 381*(23), 2273–2275. https://doi.org/10.1056/NEJMc1904905

Striedter, G. F., Belgard, T. G., Chen, C.-C., Davis, F. P., Finlay, B. L., Güntürkün, O., Hale, M. E., Harris, J. A., Hecht, E. E., Hof, P. R., Hofmann, H. A., Holland, L. Z., Iwaniuk, A. N., Jarvis, E. D., Karten, H. J., Katz, P. S., Kristan, W. B., Macagno, E. R., Mitra, P. P., . . . Wilczynski, W. (2014). Nsf workshop report: Discovering general principles of nervous system organization by comparing brain maps across species. *The Journal of Comparative Neurology, 522*(7), 1445–1453. https://doi.org/10.1002/cne.23568

Sudimac, S., Sale, V., & Kühn, S. (2022). How nature nurtures: Amygdala activity decreases as the result of a one-hour walk in nature. *Molecular Psychiatry, 27*(11), 4446–4452. https://doi.org/10.1038/s41380-022-01720-6

Tagesschau. (2022). *Jahrestag der Flut – Der Klimawandel hat uns erreicht.* https://www.tagesschau.de/inland/jahrestag-flut-gedenken-101.html

Ventriglio, A., Torales, J., Castaldelli-Maia, J. M., Berardis, D. de, & Bhugra, D. (2021). Urbanization and emerging mental health issues. *CNS Spectrums, 26*(1), 43–50. https://doi.org/10.1017/S1092852920001236

Wang, S., & van den Berg, B. (2021). Neuroscience and climate change: How brain recordings can help us understand human responses to climate change. *Current Opinion in Psychology, 42*, 126–132. https://doi.org/10.1016/j.copsyc.2021.06.023

WHO. (2019). *Mental Health and Substance Use.*

WHO. (2021). *Health in National Adaptation Plans.*

Will, M., Krapp, M., Stock, J. T., & Manica, A. (2021). Different environmental variables predict body and brain size evolution in Homo. *Nature Communications, 12*(1), 4116. https://doi.org/10.1038/s41467-021-24290-7

Williams, A. P., Abatzoglou, J. T., Gershunov, A., Guzman-Morales, J., Bishop, D. A., Balch, J. K., & Lettenmaier, D. P. (2019). Observed Impacts of Anthropogenic Climate Change on Wildfire in California. *Earth's Future, 7*(8), 892–910. https://doi.org/10.1029/2019EF001210

Williams, L. E., & Bargh, J. A. (2008). Experiencing physical warmth promotes interpersonal warmth. *Science, 322*(5901), 606–607. https://doi.org/10.1126/science.1162548

Winklmayr, C., Muthers, S., Niemann, H., Mücke, H.-G., & Heiden, M. A. d. (2022). Heat-Related Mortality in Germany From 1992 to 2021. *Deutsches Arzteblatt International, 119*(26), 451–457. https://doi.org/10.3238/arztebl.m2022.0202

Wu, J., Snell, G., & Samji, H. (2020). Climate anxiety in young people: A call to action. *The Lancet. Planetary Health*, *4*(10), e435–e436. https://doi.org/10.1016/S2542-5196(20)30223-0

Xu, W., Pavlova, I., Chen, X., Petrytsa, P., Graf-Vlachy, L., & Zhang, S. X. (2023). Mental health symptoms and coping strategies among Ukrainians during the Russia-Ukraine war in March 2022. *The International Journal of Social Psychiatry*, 207640221143919. https://doi.org/10.1177/00207640221143919

Printed in the United States
by Baker & Taylor Publisher Services